Baby Doll
迷你韓服縫紉手冊

國家圖書館出版品預行編目（CIP）資料

Baby Doll迷你韓服縫紉手冊 / 白韓率著；陳采宜翻譯.
-- 新北市：北星圖書, 2019.10
　　面；　公分

　　ISBN 978-957-9559-21-8（平裝）

　　1.洋娃娃　　2.手工藝

426.78　　　　　　　　　　　　　　　108013389

Baby Doll 迷你韓服縫紉手冊

作　　者	白韓率	
翻　　譯	陳采宜	
發 行 人	陳偉祥	
出　　版	北星圖書事業股份有限公司	
地　　址	234 新北市永和區中正路 458 號 B1	
電　　話	886-2-29229000	
傳　　真	886-2-29229041	
網　　址	www.nsbooks.com.tw	
E-MAIL	nsbook@nsbooks.com.tw	
劃撥帳戶	北星文化事業有限公司	
劃撥帳號	50042987	
製版印刷	皇甫彩藝印刷股份有限公司	
出 版 日	2019 年 10 月	
I S B N	978-957-9559-21-8	
定　　價	650 元	

如有缺頁或裝訂錯誤，請寄回更換。

從傳統韓服、日常韓服到配件，只要跟著步驟製作就行了

Baby Doll
迷你韓服縫紉手冊

白韓率 著

Prologue

❋

||||||||||||||||||||||||||

因為想去的大學全都推甄落榜而陷入憂鬱及自愧感的我，沒想到會藉由修學能力考試考上培花女子大學傳統服裝系，開始我夢寐以求的服裝主修。

大學入學之後，我第一次摸到的韓服布料既硬挺又柔和，並散發著微微的光澤。形形色色的布料所帶來的樂趣真的非常棒。雖然進入傳統服裝系是個偶然，但是我對製作傳統服飾感到相當自豪，並學習了製作韓服的心態及韓國服飾史等許多東西。將我親手製作的整套韓服給我、我的家人以及朋友們穿上，就是最令我心滿意足的事情。

製作 Baby Doll 韓服是畢業之後當作興趣來做的事情。即使身處於繁忙的職場生活中，也不想失去縫紉的感覺，就在我苦惱要做什麼的時候，想到「來替從小喜愛到現在的迪士尼動畫主角們穿上韓服吧！」於是就這樣開始了。結果，我以製作 Baby Doll 韓服為藉口，買了我的第一個 Baby Doll，也就是〈美女與野獸〉的主角「貝兒」。

跟著這本書製作 Baby Doll 韓服，將會感受到不同於製作人類或娃娃衣服時的小小樂趣。本書內容由傳統韓服和日常韓服構成，是為了替化身為東、西洋故事主角的 Baby Doll 設計合適的韓服，及試著製作出各式各樣的韓服。每增加一套韓服，除了實力會提升之外，對 Baby Doll 的喜愛也會增加。就像我這樣！

最後，我要對幫助我出版第一本書的人們、用愛守護我的培花女大時裝產業學系的教授們，以及幫忙校審的金素賢教授，獻上我真心的感謝。

白韓率

CONTENTS
*

〔準備〕

〔製作〕

 傳統韓服

〔Baby Doll 傳統韓服 1_ 太陽和月亮〕發現繩索的兄妹

Item 1_ 女裝素色上衣

Item 2_ 裙子

Item 3_ 棉襖背心

Item 1_ 男裝上衣

Item 2_ 褲子

Item 3_ 男裝背心

〔Baby Doll 傳統韓服 2_ 黃豆女紅豆女〕嫉妒黃豆女的紅豆女

Item 1_ 彩袖上衣

66

Item 2_ 裙子

76

Item 3_ 頭飾

82

〔Baby Doll 傳統韓服 3_ 沈清傳〕孝女沈清

Item 1_ 鑲邊上衣

86

Item 2_ 高腰背心裙

96

Item 3_ 韓式馬褂

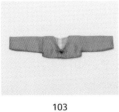

103

Item 4_ 燕喙髮帶

112

 日常韓服

〔Baby Doll 日常韓服 1_ 小紅帽〕出門跑腿的小紅帽

Item 1_ 蓬蓬袖上衣   Item 2_ 棉質裙   Item 3_ 防寒帽

118   127   131

〔Baby Doll 日常韓服 2_ 美女與野獸〕被野獸抓走的貝兒

Item 1_ 韓服洋裝   Item 2_ 一片裙

138   150

〔Baby Doll 日常韓服 3_ 白雪公主〕走進森林的白雪公主

Item 1_ 蓬蓬袖洋裝   Item 2_ 蝴蝶結髮帶

156   167

內衣

Item 1_ 內襯裙

170

Item 2_ 內襯褲

175

Item 3_ 布襪

178

其他韓服配件

Item 1_ 領邊

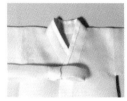

181

Item 2_ 帶

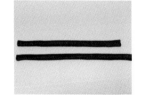

183

Item 3_ 帶環

186

〔穿著方法〕

〔原尺寸紙型〕

Baby Doll 韓服

IIIIIIIIIIIIIIIIIIIIIII

準備

|||||||||||||||||||||||||||||||||||||||||||||||||||||

韓服的各部位名稱

女性韓服

（1）上衣

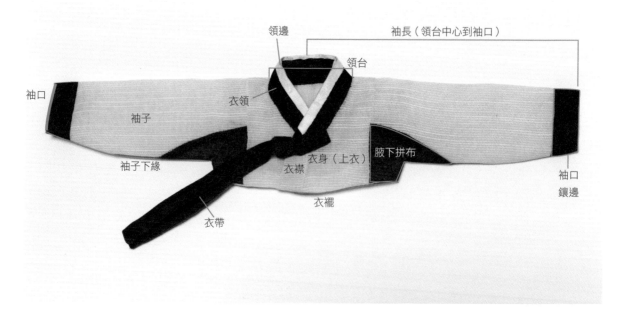

（2）裙子

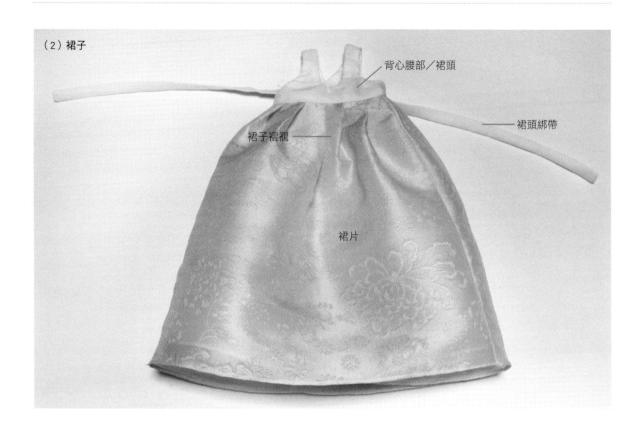

背心腰部／裙頭

裙頭綁帶

裙子褶襇

裙片

男性韓服

（1）上衣

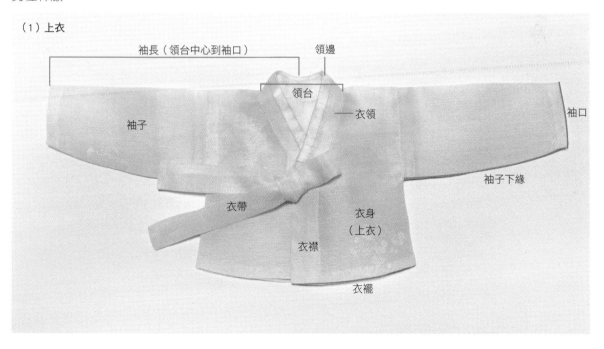

袖長（領台中心到袖口）

領邊

領台

衣領

袖子

袖口

袖子下緣

衣帶

衣身
（上衣）

衣襟

衣裾

（2）褲子

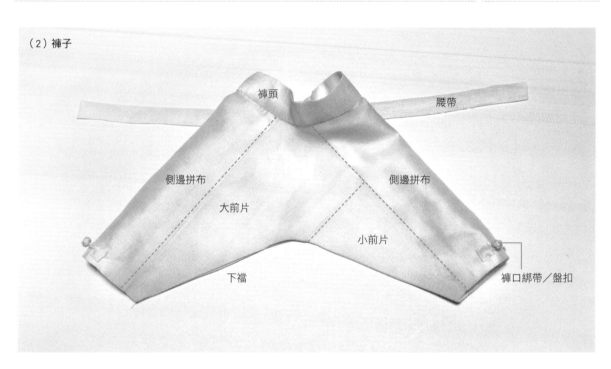

褲頭　腰帶　側邊拼布　側邊拼布　大前片　小前片　下襠　褲口綁帶／盤扣

（3）長袍

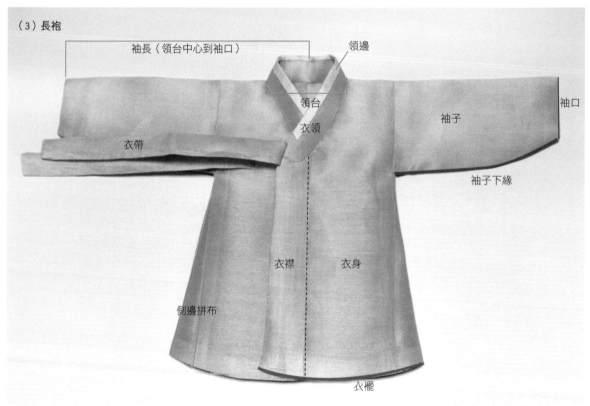

袖長（領台中心到袖口）　領邊　領台　衣領　袖子　袖口　衣帶　袖子下緣　衣襟　衣身　側邊拼布　衣襬

||||||||||||||||||||||||||||||||||||||||||||||||

基本工具

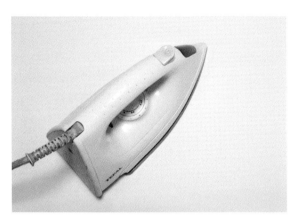

熨斗

製作韓服時所使用的天然纖維，碰到水就會褪色或產生斑點。因此，比起濕式熨斗（蒸汽熨斗），我更推薦沒有蒸氣功能的乾式熨斗。擁有蒸汽熨斗的人，請將熨斗裡的水全部倒掉，並關閉蒸氣功能後再使用。

線

本書內容是由使用韓服布料的傳統韓服及使用棉布的日常韓服所構成。使用適合各種布料的線，可做出乾淨且完成度高的韓服。

❶ ggaeggi 線（韓服線）：縫製韓服時主要使用的美麗細線。

❷ 裁縫線、包芯紗（Core Spun）：主要是用來縫製使用棉布的日常韓服。可用於手縫，也可用於縫紉機。順帶一提，包芯紗比裁縫線強韌。

❸ 透明線：透明的線，有各式各樣的粗細。在本書中，主要是用來替衣服縫製蕾絲或刺繡等裝飾。

❹ 純絲線：隱約發出光澤且柔軟強韌的線。在本書中，主要是用來替韓服表布貼上布襯或標示中心位置。因為很柔軟，所以日後拆除疏縫時可以很輕易地拆除，而且對薄的韓服布料造成的傷害也較小。

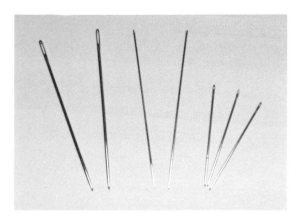

針

針有各種不同的粗細和長短，請用方便使用的針。要縫的長度很長時，如縫製裙子等等，請使用又細又有彈性的長針；而縫製上衣的細節部位時，請使用又細又短的針。然而，粗針可能會使布料出現孔洞，使用時請多加注意。

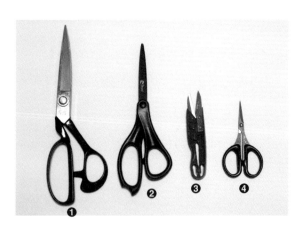

剪刀

依照用途作區分，剪紙型、剪布料、剪線時，請使用不同的剪刀。如果用裁布的剪刀剪其他東西，之後剪布料時，有可能會出現刀刃不利的情形。

❶ 裁縫剪刀（裁布剪刀）：裁縫剪刀基本上是可以永久使用的東西。為了避免造成手部不適，請考慮手的大小，選擇合適的尺寸。

❷ 剪紙剪刀：文具店販賣的一般剪刀。

❸ 紗線剪：用來剪線的剪刀。

❹ 小剪刀：製作韓服時，方便用來剪牙口的小尺寸剪刀。

粉片、粉筆

利用粉筆和各式各樣的布料專用筆，可在布料上標示完成線和縫份線。由於韓服布料又薄又透，請配合布料的特徵來使用。

❶ 粉片：雖然在棉布上使用不會有什麼問題，但如果在韓服布料上使用，就會產生標示的痕跡遺留在布上的情形，導致衣服的完成度下降。

❷ 熱消粉片：畫在深色布料上，然後用熨斗熨燙，標示的痕跡就會消失。如果畫得太用力，即使用熨斗燙過也會留下些微的痕跡，請多加注意。

❸ 布料專用熱消筆：和熱消粉片一樣，用熨斗熨燙，標示的痕跡就會消失。因為是筆的形狀，而且有各種粗細，初學者也可以輕鬆使用。

珠針、針插

要將布料相疊縫合的時候，為避免布料移動，請準備可以固定布料的珠針，以及可插入珠針和縫針的針插。

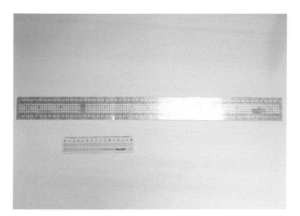

尺

請準備兩種尺:用來剪裁的 50 ～ 60cm 長尺和用來標示縫份的 10 ～ 15cm 短尺。

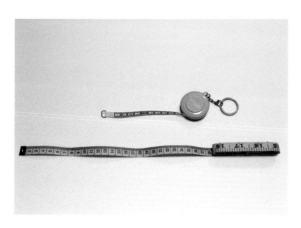

捲尺

量測身體尺寸、曲線或周長時相當好用。

竹籤或筷子

用來將縫好的上衣衣帶或裙頭綁帶翻面。雖然有專門翻面的工具,但是容易取得的竹籤或筷子就很夠用了。

|||||||||||||||||||||||||||||||||||||||||||||||

布料種類

韓服布料可粗分為「真絲」布料和「化纖（化學纖維）」布料。真絲布料採用純蠶絲，織紋細密，具有隱約的光澤感，高級且價格昂貴。雖然化纖布料比真絲布料便宜，但紋路或光澤感都較差。

紗

適合春夏等炎熱季節的薄布料。因為是硬挺且稀疏的布料，所以會有點透，初學者也可以輕鬆使用。

緞

適合秋冬等寒冷季節的厚布料，高級且具有光澤感。雖然很柔軟且織得很細密，但很容易綻開脫線，因此必須貼上布襯後再使用。

TIP 韓服布料的名稱

韓服布料是根據紋路來命名。「雲紋甲紗（갑사）」是有雲狀紋路的甲紗布料，「花紋甲紗」是有花朵紋路的甲紗布料。去到布料市場，就會發現甲紗和洋緞的種類多達數十種。由於 Baby Doll 的韓服尺寸非常小，比起紋樣又大又多的布料，我更推薦使用紋樣小的布料。

明紬

將蠶絲整齊地編織成無紋路且輕薄柔軟的布料。
優點是具有隱約的光澤感。

老紡

主要是製作多層韓服時，用來當裡布或布襯的半
透明超薄布料。比甲紗布料更挺更薄，使用起來
相當方便，用來當裡布或布襯，可使衣服的形狀
更加明顯。

山東綢

跟老紡一樣，多用來當韓服裡布。沒有老紡那麼
透明，且比老紡柔軟。

棉

成衣也很常使用的棉布，輕巧且吸水性良好，在傳統韓服中，主要是用來製作內衣。本書便是使用各種圖案的棉布來製作日常韓服。

鋪棉布

在布料之間放入棉花，以一定的間隔縫製而成的防寒用布料。

|||||||||||||||||||||||||||||||||||||||||||||

基本針法

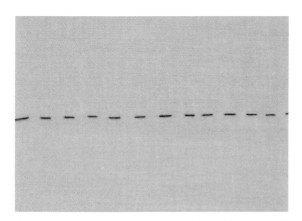

平針縫

針由後往前穿刺，以一定的間隔進行縫合。

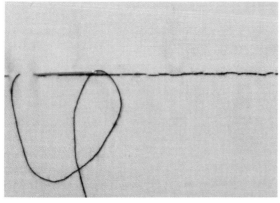

回針縫

比平針縫更牢固的針法。下針之後往回縫。

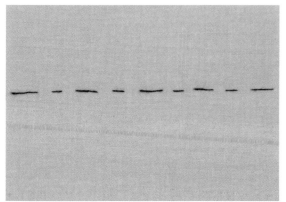

混合縫

先縫一針平針縫，再縫一針回針縫。

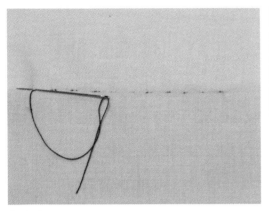

藏針縫

使縫線不顯露出來的方法。用來縫製裙襬或封口。

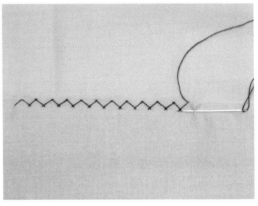

交叉縫

一般都是由右往左縫，但交叉縫是由左往右縫。用來縫裙襬或韓服右領。

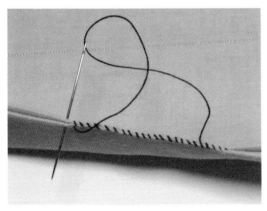

斜針縫

布料疊合在一起之後，使針與布料呈平行方向，然後縫合邊緣。用來連接碎布或縫合折疊處。

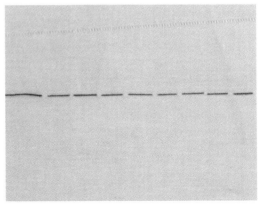

疏縫

針距很大，用來標示完成線。

||||||||||||||||||||||||||||||||||||||||||||

縫份整理法

分開法

（1）布料的正面對正面貼合並縫合。

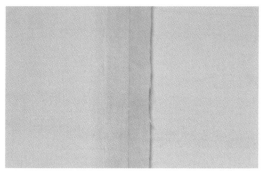

（2）將縫份往兩邊分開。

包縫法（＋縫紉機）

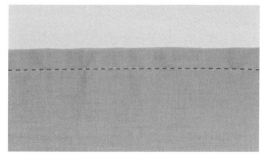

（1）布料的正面對正面貼合並縫合。

（2）將其中一片縫份修剪成只留 0.3cm。

（3）將另一片縫份往下摺疊包覆，壓平並縫合邊緣。

美邊法（夾心縫）（＋縫紉機）

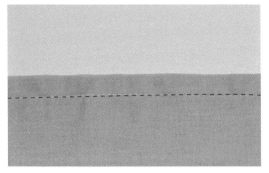

（1）布料的正面對正面貼合並縫合。

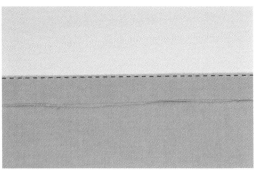

（2）將縫份沿著縫合線往下摺，壓平後在邊緣往下 0.1cm 處進行縫合。

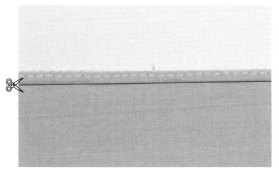

（3）縫好之後沿著縫合線將多餘的縫份剪掉。

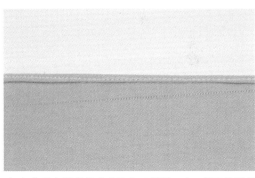

（4）修剪完沿著縫合線再往下摺疊一次，壓平後再從中間進行縫合。

Baby Doll 韓服

||||||||||||||||||||||

製作

發現繩索的兄妹

女裝素色上衣＋裙子＋棉襖背心

男裝上衣＋褲子＋男裝背心

有一對兄妹為了躲避老虎而順著粗繩爬到天上去，
因此變成太陽和月亮，這就是他們身上穿的傳統韓服。
可愛的兄妹韓服融合了成為太陽妹妹的溫暖
以及成為月亮哥哥的寧靜，
就好像剛從童話故事中冒出來一樣。

女裝素色上衣

原尺寸紙型 P194、195

布料	表布：甲紗 30×50cm（直布紋方向／橫布紋方向）
	裡布：老紡 20×42cm（直布紋方向／橫布紋方向）
副材料	裝飾用蕾絲或刺繡、透明絲（透明線）

How to Make

01

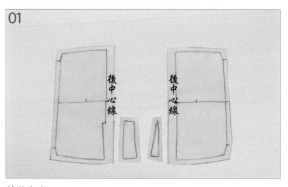

剪裁上衣

將紙型放在上衣表布上，畫出完成線及外加 0.5cm 的縫份線，然後進行剪裁。後中心線（後背的中心縫線）的縫份請留 1cm。

02

在表布上畫衣身（上衣）左右兩張、袖子左右兩張、外襟和內襟各一張，總共裁出六張布。

03

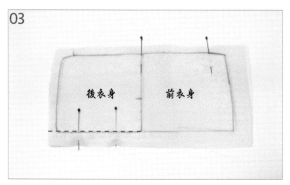

製作上衣表布

將剪好的衣身布料正面對正面貼合，用珠針固定，然後縫合後中心線。

04

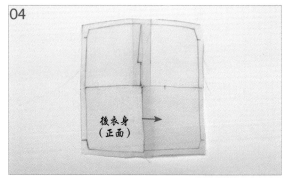

將縫好的衣身翻開，從正面看，縫份是朝右邊摺。

※ 從背面看，縫份是朝左邊摺。

05

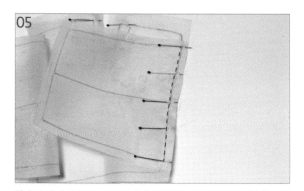

將上衣的中心線和袖子的中心線對齊，正面對正面貼合，並縫合袖子的袖襱線。

※ 連接袖子時，只要縫合完成線就好。

06

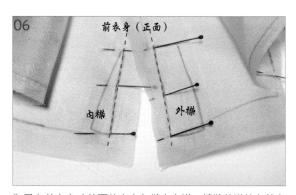

為了在前衣身（前面的上衣）縫上衣襟，請將外襟放在前衣身的右邊，內襟放在前衣身的左邊，正面對正面貼合並縫合。

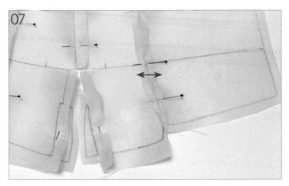

用分開法整理兩側袖子的縫份。

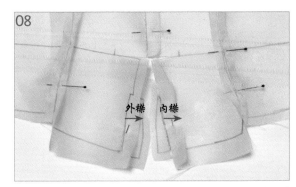

外襟　內襟

請將衣襟的縫份摺好，外襟的縫份朝外襟那邊摺，內襟的縫份朝衣身那邊摺。

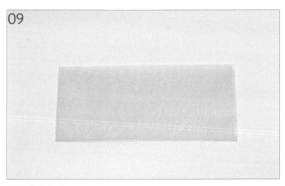

製作上衣裡布
將裡布布料（20×42cm（直布紋方向／橫布紋方向））以直布紋方向對摺一次，再以橫布紋方向對摺一次。

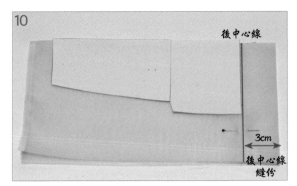

後中心線

3cm

後中心線縫份

在裡布布料摺疊好的狀態下，將衣身和袖子紙型放上去，替後中心線留下 3cm 的縫份，然後畫上後中心線。

TIP 雖然上衣裡布可以用跟上衣表布一樣的方法來進行剪裁，但是也可以不畫紙型，利用尺就能更輕鬆方便地進行剪裁。

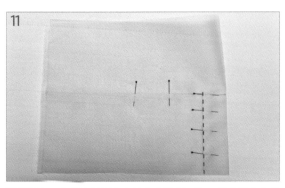

翻開裡布，使裡布只以直布紋方向對摺一次，固走後中心線並縫合。

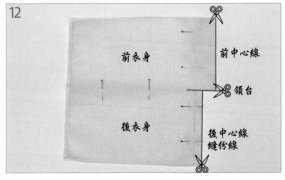

前衣身　前中心線

後衣身　領台

後中心線縫份線

將後中心線的縫份修剪成只留 1cm。標示出領台並剪開，然後將左右相連的前衣身從前中心線剪開。

13

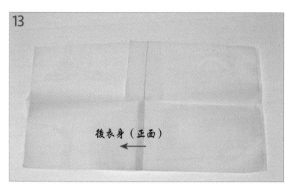

後衣身（正面）
←

翻開裡布，將後中心線縫份摺成和表布同一個方向。
※ 從正面看是朝左摺。

14

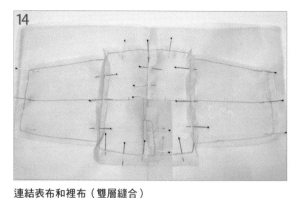

連結表布和裡布（雙層縫合）
將縫上袖子和衣襟的表布跟步驟 13 中翻開的裡布，正面對正
面貼合，並用珠針將各個部位固定好，以免表布和裡布進行
雙層縫合的時候移動。

15

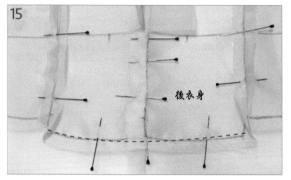

後衣身

縫合後衣身（後面的上衣）的衣襬線並縫到縫份邊緣為止。

16

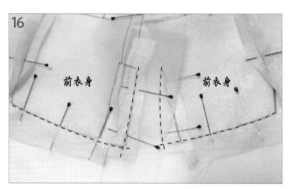

前衣身   前衣身

縫合左、右前衣身的衣襬線及衣襟線，並縫到縫份邊緣為止。

17

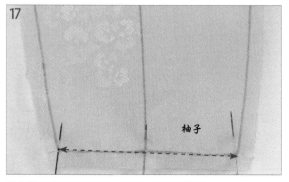

袖子

縫合袖口（袖子邊緣），並縫合完成線就好。

18

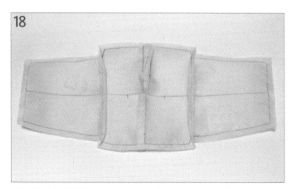

請將裡布的縫份修剪成跟表布一樣，只留 0.5cm 就好。

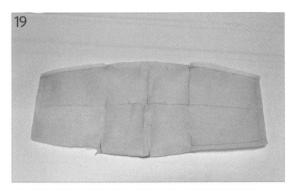

經由領台將表布翻到正面，翻好之後，用低溫進行熨燙。

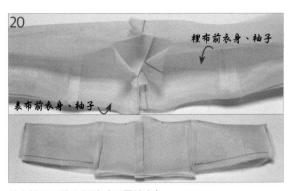

裡布前衣身、袖子

表布前衣身、袖子

縫合袖子下緣和側縫（四層縫合）
為了縫合袖子下緣和側縫，請只將後衣身和袖子的後半部翻面，然後將沒有翻面的前衣身和袖子放入翻面的後衣身和袖子之間，如照片所示。

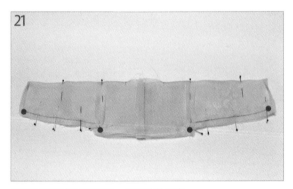

將裡布和表布仔細對齊，並用珠針固定。
※ 袖子下緣末端的袖口以及側縫末端與下襬線相交的部分，必須精準地對齊，才能提高完成度。

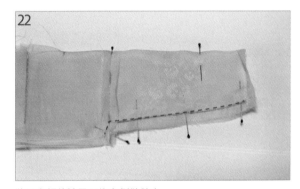

將固定好的袖子下緣和側縫縫合。
※ 採用回針縫或使用縫紉機，可以縫製得更加牢固。

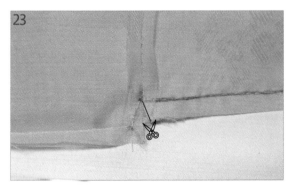

為了讓上衣的形狀在翻面之後可以更漂亮，請在袖子下緣和側縫相交處，以對角線剪一刀牙口。

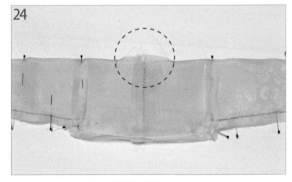

把手伸進開放的領台，將正面翻出來。

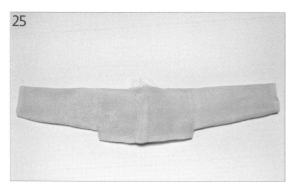

25

請整燙袖子的下緣和衣身的側縫。

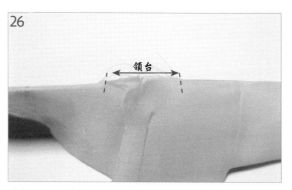

26

領台

縫上衣領__木板領

為了縫上衣領，請用剪刀剪出領台的位置。

TIP 請放上紙型並標示出領台的位置，然後剪開標示的位置。

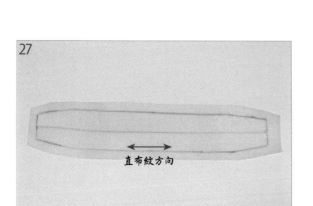

27

直布紋方向

將衣領紙型放到布料上，對齊直布紋方向，畫出完成線及外加 0.5cm 的縫份線，然後進行剪裁。

※ 利用對摺線畫出相連的裡布和表布。

TIP 如果布料又薄又軟的話，請再加一張用來當裡布的老紡作為布襯。

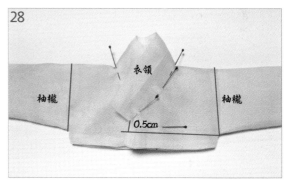

28

衣領

袖襱　　　　　袖襱

0.5cm

將剪好的衣領放到上衣上面，用珠針固定衣領的位置。

※ 衣領尖端大約和袖襱末端平行或往上 0.5cm 左右。

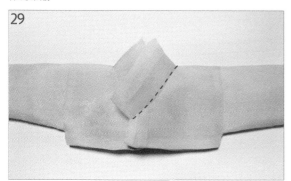

29

將固定好的衣領①從有縫份的背面縫合完成線，或者②從外面用藏針縫縫合。

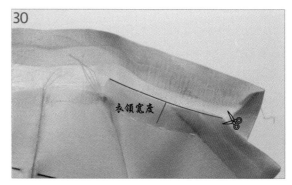

30

衣領寬度

將內側的衣身修剪成和衣領寬度同寬的縫份。

※ 將衣身的縫份剪到 1.5cm 以內，縫上衣領的時候，衣領的形狀才會摺得很漂亮。

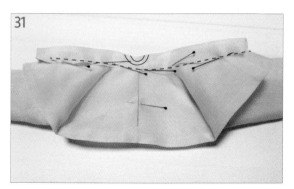

31

沿著中心線（對摺線）將衣領摺疊，用珠針固定衣領內側，並以藏針縫將衣領固定在衣身上。

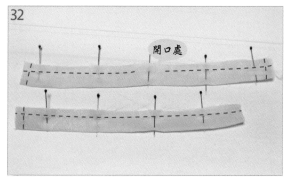

32

開口處

縫上衣帶

為了製作長衣帶（1×20cm）、短衣帶（1×18cm），必須將長衣帶剪裁成3×21cm、短衣帶剪裁成3×19cm並對半摺，留下開口處或其中一邊的短邊之後進行縫合。

TIP 衣帶的製作方法請參考第 183 頁。

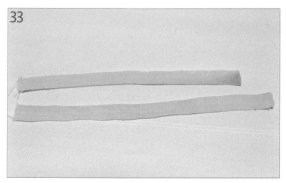

33

如果是留下開口處的話，翻面之後用藏針縫縫合開口處；如果是留下其中一邊短邊的話，請利用長筷子翻面，然後用藏針縫縫合。

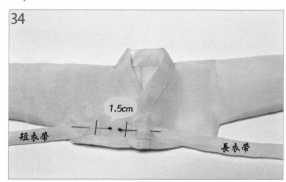

34

1.5cm

短衣帶　　　　　　　　　　　　長衣帶

請將長衣帶縫在右邊（縫有外襟的那一邊）的衣領正下方，短衣帶則縫在左邊（縫有內襟的那一邊），與長衣帶相距衣領寬（1.5cm）的位置。

35

收尾

請用透明絲縫上作為上衣焦點的蕾絲花片。

36

在衣領上縫上寬 0.5cm 的領邊。

TIP 縫領邊的方法請參考第 181 頁。

領邊縫好的樣子。

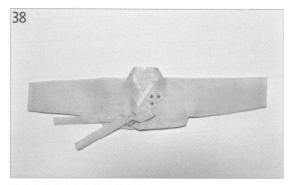

端莊文雅的淡黃色上衣就完成了。

裙子

布料	表布：甲紗 30×80cm（直布紋方向／橫布紋方向）
	裡布：老紡 30×80cm（直布紋方向／橫布紋方向）
	裙頭：30 支或 40 支棉布 30×15cm（直布紋方向／橫布紋方向）

TIP 裙子的寬度很寬，請準備充足的布料。裙頭的布料，如果是使用 30 支棉布的話，會比較硬挺而且比較不透，如果是使用 40 支棉布的話，雖然很柔軟但是稍微有點透。

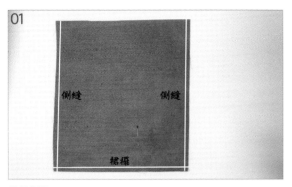

剪裁裙子

直接在布料上標示裙子大小並進行剪裁。請將裙子表布剪成三張 23×25cm（直布紋方向／橫布紋方向），兩側側縫及裙襬請留 1cm 的縫份。

※ 請用熨燙後痕跡就會消失的熱消粉片或粉筆來畫。

使用跟步驟1一樣的方法剪出三張表布、三張裡布。

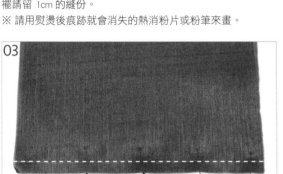

製作裙襬邊角及裙子

將裙子表布正面對正面貼合，並縫合側縫。

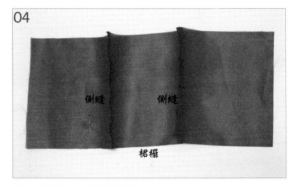

縫合側縫將三張表布連接起來。

裡布也跟表布一樣，縫合側縫將三張裡布連接起來。

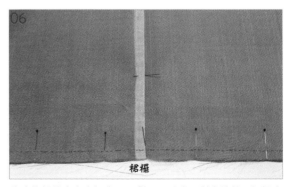

將連接好的表布和裡布正面對正面貼合，對齊縫份及裙襬之後用珠針固定。

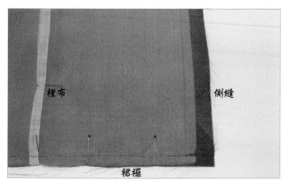

為了製作將裡布包覆起來的裙襬邊角，請將裙子裡布兩側的「側縫」剪掉 2cm。

💬 TIP 如果整體縫份是留 1cm 的話，裡布側縫就要剪掉 2cm；如果整體縫份是留 0.5cm 的話，裡布側縫就要剪掉 1cm。

縫合裙襬完成線。

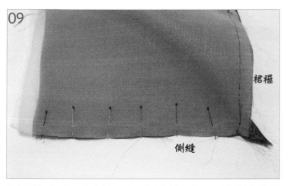

裙襬縫好之後，將修剪過的裡布側縫拉到表布的側縫上並對齊完成線，然後插上珠針。
※ 將裡布拉成和表布對齊，裙子的表布自然而然就會受到擠壓，並產生和照片中一樣的皺褶，裡布則是受到推擠而往上移動（往裙頭方向移動）。

拉住側縫並對齊完成線時，表布會摺疊起來，使末端形成三角形。

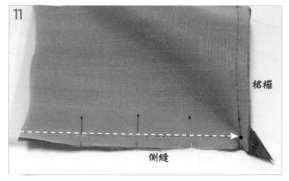

將拉過來且固定好的裡布側縫縫台，縫到裙襬完成線和側縫完成線相交的完成點為止。

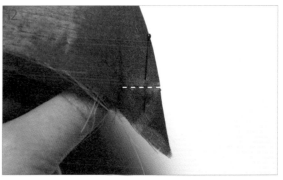

將步驟 10 形成的三角形從表布那面垂直縫合，並縫到裙襬完成線和側縫完成線相交的點。

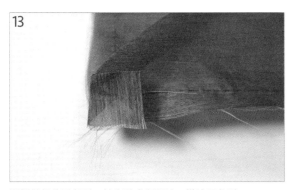

壓摺縫好的三角形，就會形成和照片一樣的四角形。

整理縫份，抓住裙襬，將整件裙子翻面，裡布那面就會形成裙襬邊角。

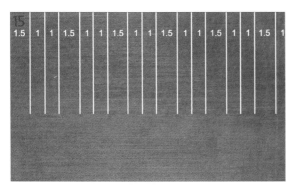

製作想要的裙子褶襉寬度，用可以消除痕跡的粉片或粉筆標示在表布上。

※ 外褶襉 1.5cm，內褶襉 1cm。

TIP 外褶襉是指顯露在外側的褶襉，內褶襉是指摺在內側的褶襉。如果想要裙子蓬蓬的，就將外褶襉和內褶襉寬度做成一樣；如果想要裙子垂墜一點，內褶襉寬度就要做得比外褶襉小。

請用珠針固定摺好的褶襉，以免裡布和表布分離。在表布留下 1cm 的縫份之後，沿著固定好的褶襉密實地縫合。

TIP 縫好之後，稍微熨燙一下摺成褶襉的地方，褶襉會變得更漂亮。

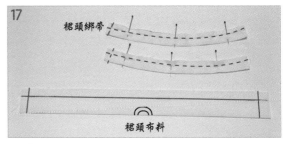

製作裙頭

將兩張 3×21cm 的裙頭綁帶（橫布紋方向／直布紋方向）對半摺，其餘三邊各留 0.5cm 的縫份後，縫合照片中虛線處。將一張 6×28cm 的裙頭布料（橫布紋方向／直布紋方向）對半摺，其餘三邊分別標示出 1cm 的縫份。

TIP 裙子的裙頭布料不要提前剪好，而是裙子褶襉製作好了之後，用捲尺丈量裙子腰圍，再配合裙子的腰圍長度剪裁，這樣會比較準確。

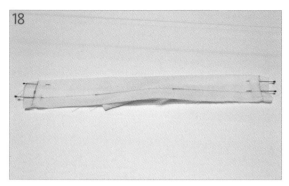

將裙頭布料正面對正面對半摺，然後剪成比做出褶襉的裙子腰圍稍長一些的長度。

※ 因為做出褶襉的裙子腰圍是 26cm，兩側各留 1cm 的縫份，所以剪裁的長度是 28cm。

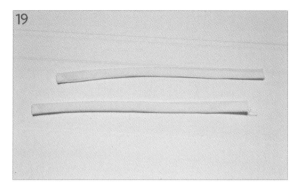

將沿著完成線縫合的裙頭綁帶翻面。

TIP 帶的製作方法請參考第 183 頁。

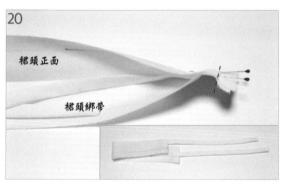

縫合裙頭布料的兩個短邊之前，請將製作好的裙頭綁帶分別放入兩側，然後一起縫合。兩側縫好之後翻面，就完成要縫在裙子上的裙頭了。

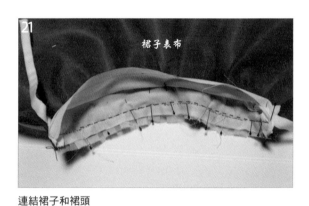

連結裙子和裙頭

將製作好的裙頭放在做出褶襉的裙子表布上，將裙子和裙頭正面對正面貼合，從裙頭的背面縫牢固。

將其餘的裙頭縫份往裙子裡布那邊摺，並用藏針縫收尾。

滴合成為太陽妹妹的美麗紅裙就完成了。

棉襖背心

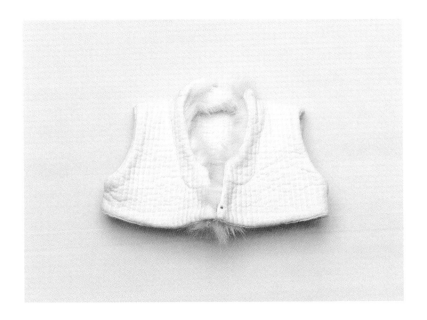

原尺寸紙型 P196

布料	表布：鋪棉布 20×20cm（直布紋方向／橫布紋方向） 斜布條：40 支棉布 20×20cm（直布紋方向／橫布紋方向）
副材料	毛條 22cm

01

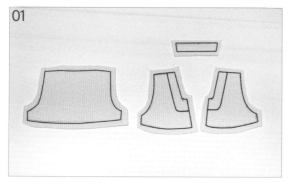

剪裁棉襖背心

將紙型對齊鋪棉布的直布紋方向擺放，畫出完成線及外加 0.5cm 的縫份線，然後進行剪裁。

※ 前衣身（前面的上衣）請畫左右兩張。

02

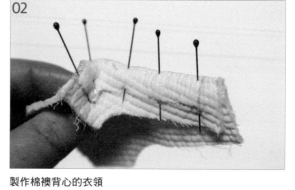

製作棉襖背心的衣領

在衣身上畫出衣領的形狀後，利用直接製作的方法，輕鬆簡單地製作出衣領。從剪好的前衣身內面依照衣領的形狀摺疊布料，並用珠針固定。

03

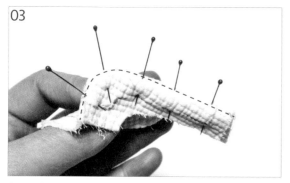

在距離摺疊處往內 0.1cm 的位置，沿著衣領的形狀密實地縫合。左右前衣身都要製作。

04

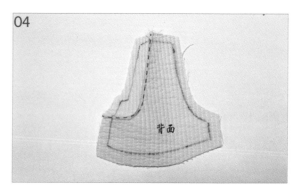

縫好之後從背面看的樣子。

05

從正面看會有衣領的形狀，請用熨斗稍微熨燙，仔細地調整衣領的形狀。

06

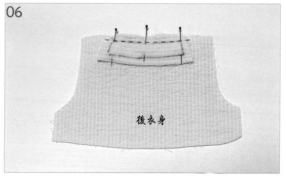

將後衣身（後面的上衣）和剪裁好的領台對齊，正面對正面貼合，用珠針固定之後縫合。

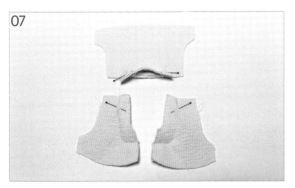

07

做出衣領形狀的左右前衣身和後衣身。

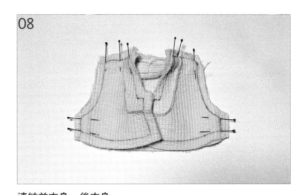

08

連結前衣身、後衣身

為了縫合衣身、肩線、領寬、側縫,請正面對正面貼合,並用珠針固定。

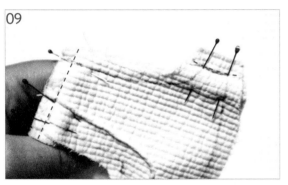

09

請將固定好的肩線及側縫縫牢固,並縫到縫份上。

10

整理縫份並翻面,做成背心的樣子。

11

處理縫份

製作棉襖背心的時候,雖然加上裡布也很不錯,但是因為娃娃韓服的尺寸很小,所以不加裡布,而是利用斜布條來整理縫份。請準備以斜布紋方向裁切的 40 支薄棉布。

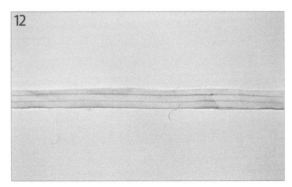

12

由於棉襖背心的縫份是 0.5cm,因此請裁成寬為 1.5cm 的斜布條,並且每 0.5cm 畫一條標示線。

※ 因為要用斜布條來包覆袖襱線、衣襱線、領線的縫份,所以請準備 3 ～ 4 條。

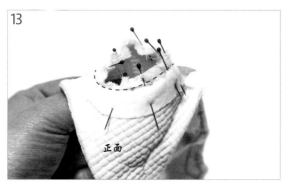

13

正面

將斜布條和背心正面對正面貼合，用珠針固定之後，將背心的縫份和斜布條的 0.5cm 標示線一起縫合。

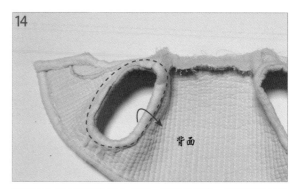

14

背面

將剩下的斜布條翻往背心背面，包覆住縫份，然後用藏針縫縫合。

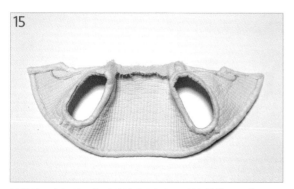

15

袖襱線、衣襬線、領線的縫份全部都用斜布條整理工整。

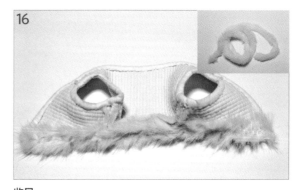

16

收尾

將毛條放在背心背面的衣領位置，利用透明絲或和毛條同樣顏色的縫線縫上毛條。

17

即使在寒冬中也可以穿，既柔軟又溫暖的可愛毛毛裝飾棉襖背心就完成了。

男裝上衣

原尺寸紙型附錄 P1（收錄在附紙上）、P197

布料　　　表布：甲紗 40×50cm（直布紋方向／橫布紋方向）
　　　　　裡布：老紡 30×42cm（直布紋方向／橫布紋方向）

剪裁上衣

將紙型放在上衣表布上，畫出完成線及外加 0.5cm 的縫份線，然後進行剪裁。後中心線（後背的中心縫線）的縫份請留 1cm。

> **TIP** 男生的情況是，比起單獨只穿上衣，更常加上背心、褡護（無袖的長袍）、貼裡（下半身有褶襇的長袍）或長袍等，如果使用適合各種場合的簡約素色布料，就能做出使用價值很高的上衣。

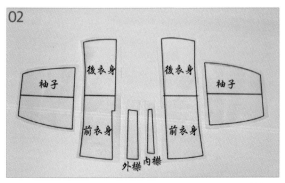

畫衣身（上衣）左右兩張、袖子左右兩張、外襟和內襟各一張，總共裁出六張布。

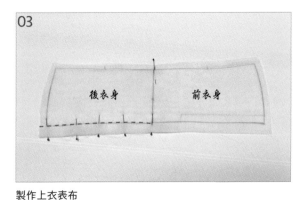

製作上衣表布

將剪好的左右衣身正面對正面貼合，並固定後中心線的部分，然後進行縫合。

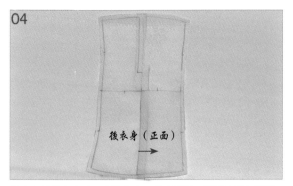

後中心線縫合之後，翻開衣身，從正面看，縫份是朝右邊摺。
※ 從背面看，縫份是朝左邊摺。

將袖子和衣身正面對正面貼合，並用珠針固定。

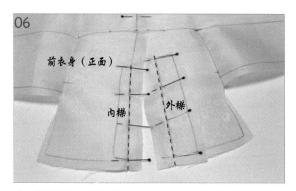

前衣身（正面）

內襟　　外襟

將內襟和外襟固定在前衣身（前面的上衣）上，然後縫合，且縫到縫份邊緣為止。

※ 請將外襟放在右邊，內襟放在左邊。

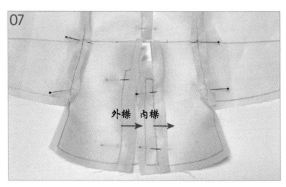

外襟　內襟

請將衣襟的縫份摺好，外襟的縫份朝外襟那邊摺，內襟的縫份朝衣身那邊摺。

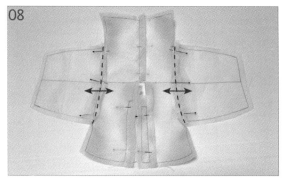

將步驟 5 中用珠針固定的衣身和袖子互相對齊彼此的中心線，縫合袖子的袖襱線，只要縫合完成線就好，接著用分開法整理縫份。

製作上衣裡布
直接在布料上標示出裡布並進行剪裁。將裡布的布料（30×42cm（直布紋方向／橫布紋方向））以直布紋方向對摺一次，再以橫布紋方向對摺一次。

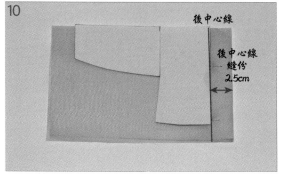

後中心線

後中心線
縫份
2.5cm

在裡布布料摺疊好的狀態下，將後衣身（後面的上衣）和袖子紙型放上去，替後中心線留下 2.5cm 的縫份，然後畫上後中心線。

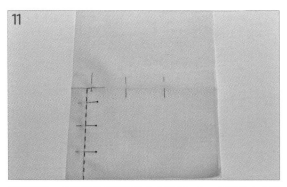

翻開裡布，使裡布只以直布紋方向對摺一次，固定後中心線並縫合。

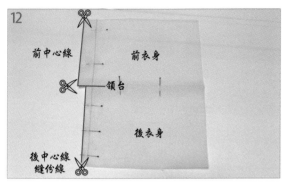

後中心線縫好之後，將縫份修剪成只留 1cm。標示出領台並剪開，然後將左右相連的前衣身從前中心線剪開。

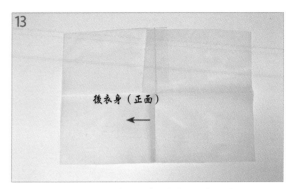

翻開裡布，將後中心線縫份摺成和表布同一個方向。
※ 從正面看是朝左摺。

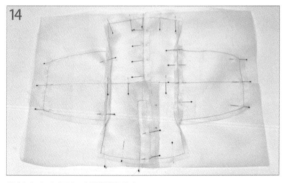

連結表布和裡布（雙層縫合）
將縫上袖子和衣襟的表布跟步驟 13 中翻開的裡布，正面對正面貼合，並用珠針將後中心線、肩線、衣襬線、袖子等各個部位固定好，以免在縫合這些部位的時候發生布料位移。

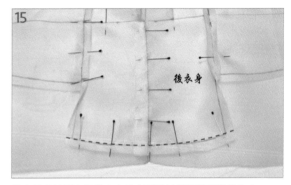

縫合用珠針固定的後衣身的衣襬線並縫到縫份邊緣為止。

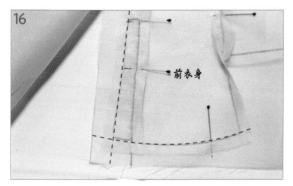

縫合用珠針固定的前衣身（前面的上衣）衣襬線及側縫，並縫到縫份邊緣為止。

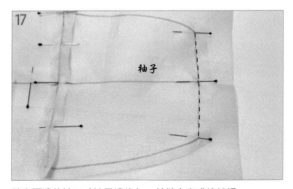

縫合兩邊的袖口（袖子邊緣），並縫合完成線就好。

請將裡布的縫份修剪成只留 0.5cm，並整理縫份。

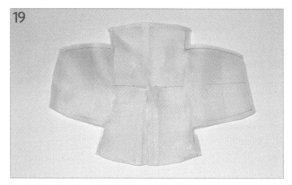

將表布翻到正面，翻好之後，用低溫進行熨燙。

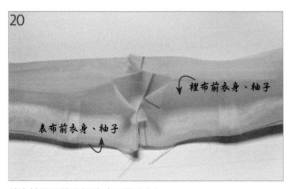

裡布前衣身、袖子

表布前衣身、袖子

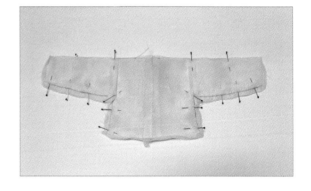

縫合袖子下緣和側縫（四層縫合）
為了縫合袖子下緣和側縫，請只將後衣身和袖子的後半部翻面，然後將沒有翻面的前衣身和袖子放入翻面的後衣身和袖子之間，用珠針固定。

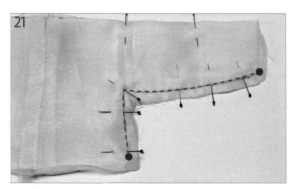

仔細對齊袖子下緣的末端和側縫的末端並縫牢固。

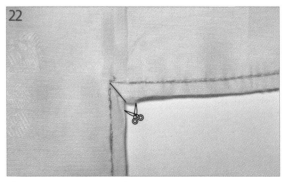

請在袖子下緣和側縫相交處，以對角線剪一刀牙口。

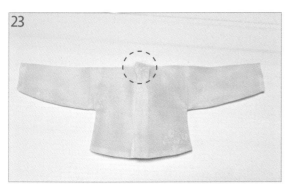

把手伸進開放的領台，將正面翻出來，並進行熨燙。

縫上衣領＿圓弧領

為了縫上衣領，請用剪刀剪出領台的位置。

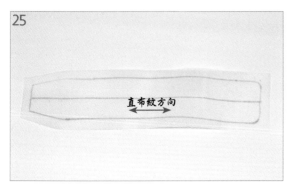

將衣領紙型放到布料上，對齊直布紋方向，畫出完成線及縫份，然後進行剪裁。

※ 利用對摺線畫出相連的裡布和表布。

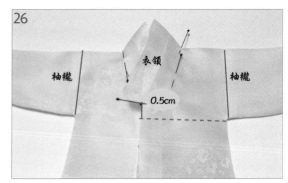

摺出衣領的樣子，然後將衣領放到上衣上面，用珠針固定。

※ 衣領大約和袖襱末端平行或往上 0.5cm 左右。

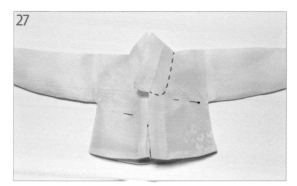

將固定好的衣領①從有縫份的背面縫合完成線，或者②從外面用藏針縫縫合。

衣領寬度

將內側的衣身修剪成和衣領寬度同寬的縫份。

※ 將衣身的縫份剪到 1.5cm 以內，縫上衣領的時候，衣領的形狀才會摺得很漂亮。

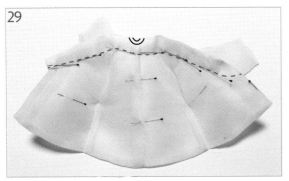

29

摺疊衣領的中心線，用珠針固定衣領內側，並以藏針縫將衣領固定在衣身上。

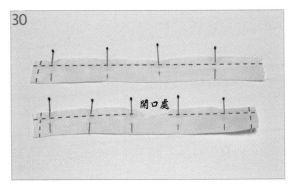

30

縫上衣帶

剪裁長衣帶（4×21cm）、短衣帶（4×19cm）並對半摺，標示出 0.5cm 的縫份，留下其中一邊的短邊或開口處之後進行縫合。

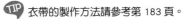

TIP 衣帶的製作方法請參考第 183 頁。

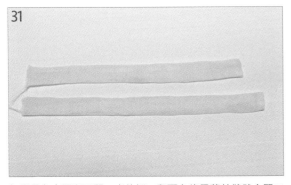

31

如果是在中間留下開口處的話，翻面之後用藏針縫縫合開口處；如果是留下其中一邊短邊的話，請利用長筷子翻面，然後用藏針縫縫合。

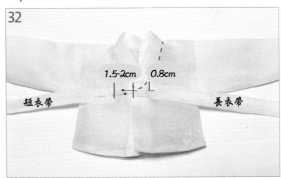

32

做好的長衣帶請將衣帶寬的 1/2 左右（0.8cm）重疊在右邊的外衣領上縫合，短衣帶則縫在左邊衣身上，與長衣帶相距衣領寬（1.5～2cm）的位置。

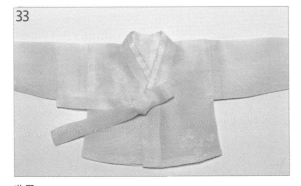

33

收尾

在衣領上縫上寬 0.5cm 的領邊。

TIP 縫領邊的方法請參考第 181 頁。

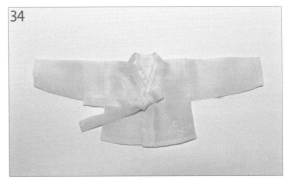

34

適合各種場合的簡約白色上衣就完成了。

褲子

原尺寸紙型附錄 P1（收錄在附紙上）

布料　　　表布：甲紗 80×40cm（直布紋方向／橫布紋方向）或大幅寬 1/2 碼

　　　　　裡布：老紡 80×40cm（直布紋方向／橫布紋方向）或大幅寬 1/2 碼

01

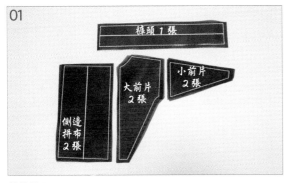

剪裁褲子

將側邊拼布、大前片、小前片紙型放在表布上，對齊直布紋方向，畫出完成線及外加 1cm 的縫份線，每個部位各剪裁兩張。

※ 為了做出褲子的前面和後面，請將紙型翻面來畫，使側邊拼布、大前片、小前片各有兩張。

02

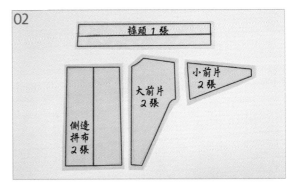

裡布也跟表布一樣，大前片、小前片、側邊拼布各剪裁兩張。
※ 分別用表布和裡布畫一張褲頭。

03

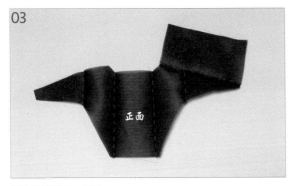

製作褲子表布、裡布

請將剪好的表布和裡布各自依照側邊拼布－大前片－小前片的順序，正面對正面貼合並縫合，使布塊連結成照片中這樣。

TIP 依照由大布塊到小布塊的順序進行連結，才容易縫紉。

04

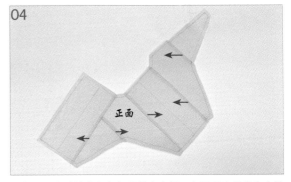

表布和裡布的縫份都朝相同的方向摺，如果是大前片和小前片相接，就朝大前片那邊摺；如果是大前片和側邊拼布相接，就朝側邊拼布那邊摺。

TIP 縫份的摺疊方向是當大布塊和小布塊相接時，就朝大布塊那邊摺。

05

縫份整理好之後，將側邊拼布和另一邊的前片連結起來，縫製成褲子的形狀。

※ 這時候褲子底下是開放的，而兩側是相連的，但無側縫縫線。

06

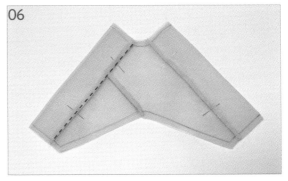

裡布也跟表布一樣，將側邊拼布和另一邊的前片連結起來，縫製成褲子的形狀。

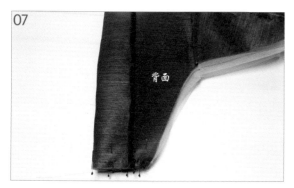

連結褲子表布和裡布（雙層縫合）

請將兩張做成無側縫的表布和裡布利用雙層縫合連結起來。將步驟6的裡布疊放在步驟5的表布裡，要正面對正面疊放，然後用珠針固定褲口（腳伸出來的地方）。

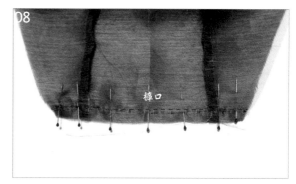

為了方便縫製，請將褲口攤開，再沿著完成線縫合。

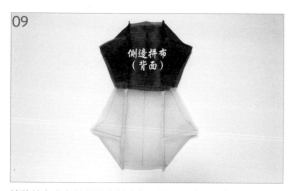

請將放在表布裡的裡布抽出來，並展開成照片中這樣，讓側邊拼布置於中間。

將連結表布和裡布的褲口縫份朝裡布那邊摺疊，然後在離完成線稍微遠一點的地方縫合。

※ 如果將縫份朝裡布那邊摺疊並縫合，褲子完成的時候，縫份就不會掉下來。

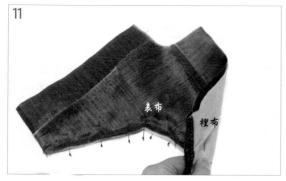

縫合褲子下襠（四層縫合）

為了縫合褲子下襠，請再次摺回褲子的形狀，使裡布位於表布後面，用珠針固定下襠。

※ 兩層表布、兩層裡布會疊在一起。

請縫合褲子下襠。

TIP 請多縫幾次並縫牢固，以免褲底裂開。

為了讓褲子的形狀在翻面之後可以更漂亮，請在底部縫份上剪牙口。

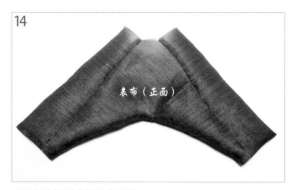

翻面之後就形成褲子的形狀。

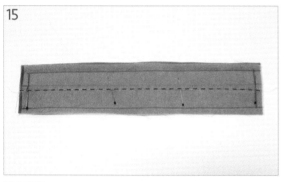

製作褲頭
褲頭是將裡布當作布襯來使用，將表布和裡布相疊，然後以疏縫縫合中心線。

中心疏縫完之後，將褲頭的兩短邊疊在一起縫合，形成中空筒狀。

TIP 連結褲頭和褲子的時候，褲頭上的短邊縫線痕跡要對齊褲子的後中心線。

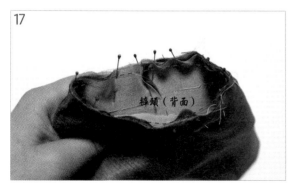

將形成中空筒狀的褲頭放進褲子，要使褲子的裡布正面和褲頭的正面貼合，用珠針固定之後，沿著腰圍縫合。

將放進褲子的褲頭抽出來，使縫份朝褲頭擺放。

19

摺疊用疏縫縫合的中心線，將縫份往內摺，用珠針固定在褲子表布上。

20

從正面密實地進行藏針縫，將褲頭和褲子連結起來。

21

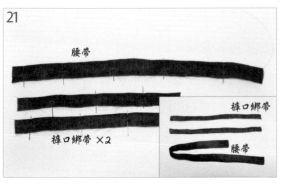

腰帶

褲口綁帶

褲口綁帶 ×2

腰帶

製作腰帶和褲口綁帶

請剪裁一條腰帶（4×38cm）和兩條褲口綁帶（3×21cm）。將腰帶和褲口綁帶對半摺，並標示出 0.5cm 的縫份，留下其中一邊的短邊之後進行縫合。將縫好的腰帶和褲口綁帶翻面，剩下的那一邊短邊請用藏針縫縫合。

TIP 帶的製作方法請參考第 183 頁。

22

腰帶

褲子（背面）

將腰帶縫在褲頭的後中心線上，遮住縫線痕跡。

23

0.5cm

將褲口綁帶以 1/3 為支點對摺，然後縫到褲口往上 0.5cm 的位置。

TIP 腰帶和褲口綁帶也可以不縫在褲子上，穿上褲子後再綁上去就好了。

24

密實地縫合，穿起來既牢固又舒適的褲子就完成了。

男裝背心

原尺寸紙型附錄 P2（收錄在附紙上）

布料　　　表布：甲紗 30×30cm（直布紋方向／橫布紋方向）
　　　　　裡布：老紡 30×30cm（直布紋方向／橫布紋方向）
　　　　　衣帶：甲紗 25×10cm（直布紋方向／橫布紋方向）

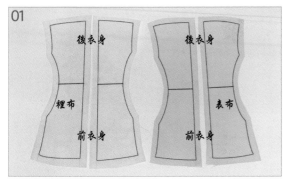

剪裁背心布料

由於背心的紙型左右相同，因此請用同一張衣身（上衣）紙型畫出左右衣身。放上衣身紙型，畫出完成線及外加 1cm 的縫份線，裡布和表布都各裁出左右兩張。

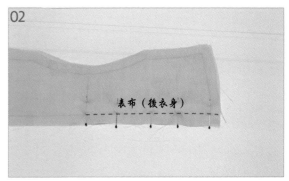

製作背心表布、裡布、衣帶

將剪好的左右衣身表布正面對正面貼合，用珠針固定後中心線並縫牢固，而且要縫到縫份邊緣為止。

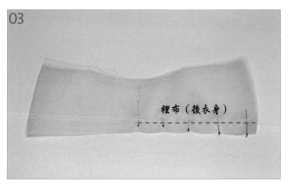

裡布也跟表布一樣，縫合後中心線。

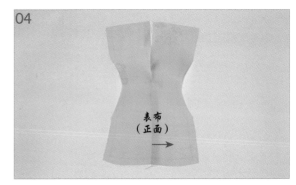

將表布翻開，從正面看，後中心線縫份是朝右邊摺。

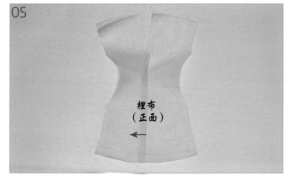

翻開裡布，從正面看，後中心線縫份是朝左邊摺。

※ 表布和裡布正面對正面貼合的時候，請盡量讓縫份朝同一邊摺疊。

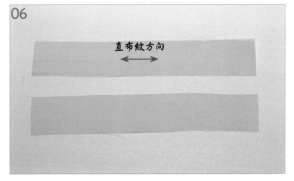

請剪裁兩條 4×21cm 的衣帶。

TIP 衣帶的製作方法請參考第 183 頁。

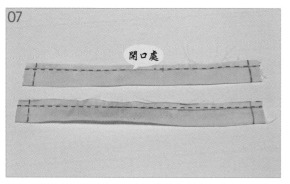

07

開口處

請留下可從中間翻面的開口處之後進行縫合，或留下其中一邊的短邊之後進行縫合。

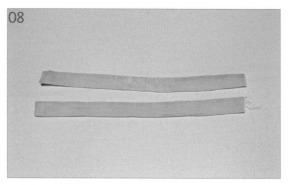

08

將縫好的衣帶翻面並燙平。

09

連結表布和裡布（雙層縫合）
將縫好後中心線的表布和裡布正面對正面貼合，為避免布料位移，請用珠針固定。

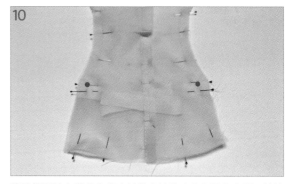

10

將翻好面的衣帶放在背心袖襱底端的表布和裡布之間，然後用珠針固定。

TIP 因為背心的衣帶是連結在後衣身（後面的上衣）上，而且要將衣帶繫在前衣身的中間，所以縫合袖襱線和側縫的時候要一起縫合。

11

將固定好的背心沿著後衣襱－側縫－袖襱－側縫－前衣襱－前開襟線縫合。
※ 前開襟線只需縫到要縫上衣領的位置，這樣背心翻面之後才能縫上衣領。

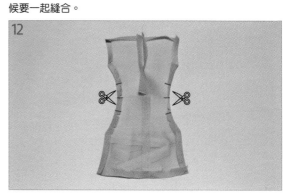

12

因為袖襱是曲線，所以要在縫份上剪牙口，請將縫份摺疊好並燙平。

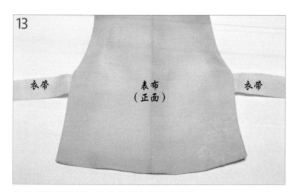

將背心翻到正面，衣帶就會連在後衣身上。

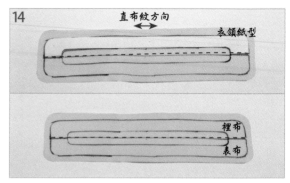

縫製衣領＿對開領

將衣領紙型放到布料上，對齊直布紋方向，畫出完成線及外加 0.5cm 的縫份。

※ 利用對摺線畫出相連的裡布和表布。

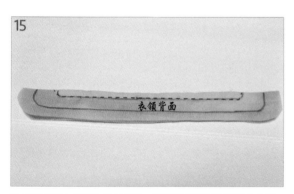

為了在衣領上做出內凹的部分，請摺疊剪裁好的衣領中心線，並沿著內側的線（完成線）縫合。

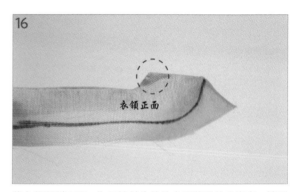

將衣領翻到正面，為了讓縫合的地方順著形狀凸出來，請利用縫針將形狀調整得更漂亮。

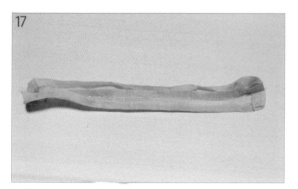

將縫份往內燙平，做出衣領的樣子。

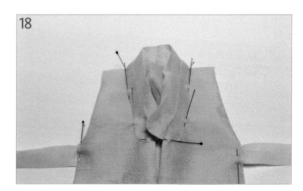

將完成的衣領對齊衣身的領台點，用珠針固定。

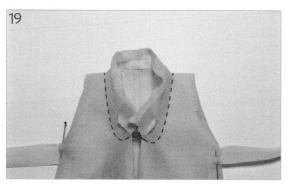

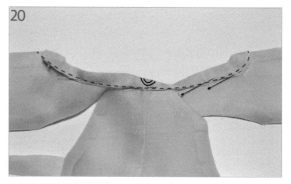

將固定好的衣領①從有縫份的背面縫合完成線，或者②從外面用藏針縫縫合。

如果衣領的外側固定好了，就摺疊中心線，用珠針固定衣領的內側，並以藏針縫進行縫合。

收尾

在前衣身兩側的袖襱底端縫製帶環，要和縫在後衣身的衣帶位置一致，並將衣帶穿過帶環。

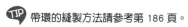 **帶環的縫製方法請參考第 186 頁。**

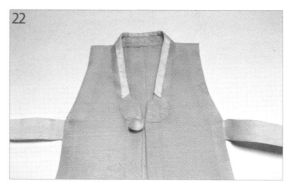

將珠珠鈕釦縫在衣領下方做裝飾。

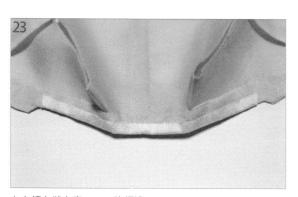

在衣領上縫上寬 0.5cm 的領邊。

 **縫領邊的方法請參考第 181 頁。**

如同月亮顏色的男裝背心就完成了。

嫉妒黃豆女的紅豆女

彩袖上衣＋裙子＋頭飾

紅豆女和繼母給黃豆女破舊的韓服，
並且叫黃豆女做家事，讓她無法去參加宴會。
貪婪的紅豆女穿上色彩繽紛的美麗彩袖上衣，
並且用頭飾裝飾頭髮，
準備去參加宴會。

彩袖上衣

原尺寸紙型 P198、199

布料　　表布：熟庫紗 30×30cm（直布紋方向／橫布紋方向）
　　　　　表布：彩袖／熟庫紗 13×3cm（直布紋方向／橫布紋方向）七種顏色
　　　　　　　　衣帶／熟庫紗 25×10cm（直布紋方向／橫布紋方向）
　　　　　　　　裡布／老紡 20×42cm（直布紋方向／橫布紋方向）

How to Make

01

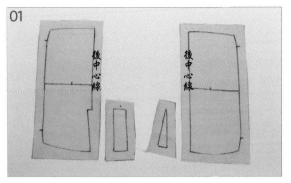

剪裁彩袖上衣表布

將衣身和衣襟紙型放在表布上，畫出完成線及外加 1cm 的縫份線，然後進行剪裁。後中心線（後背的中心縫線）的縫份也請外加 1cm。

02

製作彩袖上衣的袖子

袖子紙型的長度是 10.5cm。為了讓袖子由七種顏色組成，每種顏色請剪裁成 13×3cm（直布紋方向／橫布紋方向）。

TIP 如果想減少組成顏色的數量，就將袖子長度（10.5cm）除以想要的顏色數量，再加上縫份，然後進行剪裁。

03

七種顏色請分別剪裁兩條 13×3cm（直布紋方向／橫布紋方向）備用。

04

在寬剪裁成 3cm 的彩袖布料兩長邊畫出縫份，一邊畫 1cm 的縫份，另一邊畫 0.5cm 的縫份。

05

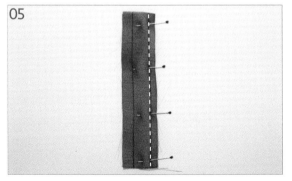

將剪好的彩袖布料正面對正面貼合，縫合完成線。

06

重複步驟 5，將七種顏色連結起來。

07

用分開法整理連結好的彩袖縫份。
※ 從背面看的樣子。

08

將連結好的彩袖對半摺,用低溫稍微熨燙一下,以顯現出中心線。

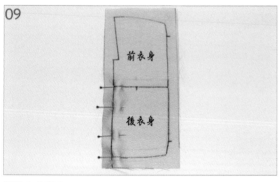

09

製作上衣表布
將剪好的衣身(上衣)布料正面對正面貼合,用珠針固定後中心線,然後進行縫合。

前衣身

後衣身

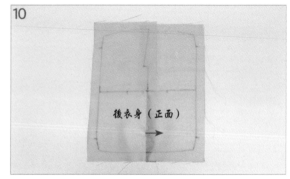

10

後衣身(正面)

翻開衣身,從正面看,縫份是朝右邊摺。
※ 從背面看,縫份是朝左邊摺。

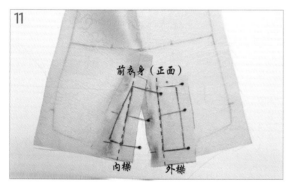

11

前衣身(正面)

內襟　　外襟

將前衣身(前面的上衣)和衣襟正面對正面貼合並縫合。請將外襟放在右邊,內襟放在左邊。

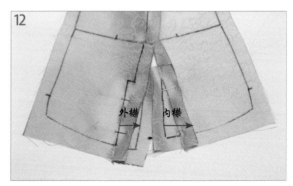

12

外襟　內襟

請整理衣襟的縫份,外襟的縫份朝外襟那邊摺,內襟的縫份朝衣身那邊摺。

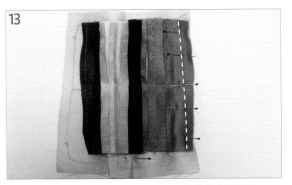

13

將步驟 8 中完成的彩袖固定在衣身上,然後縫合袖襱線。

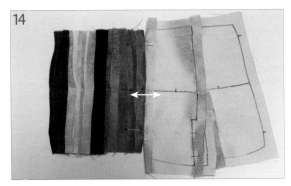

14

用分開法整理袖子的縫份。

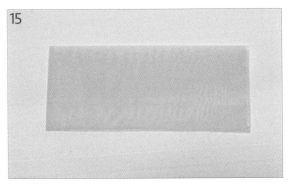

15

製作上衣裡布
上衣裡布不使用紙型,而是利用尺剪成一大張。將裡布布料 20×42cm(直布紋方向/橫布紋方向)以直布紋方向對摺一次,再以橫布紋方向對摺一次。

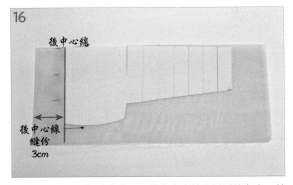

16

後中心線

後中心線
縫份
3cm

在裡布布料摺疊好的狀態下,將衣身和袖子紙型放上去,替後中心線留下 3cm 的縫份,然後畫上後中心線。

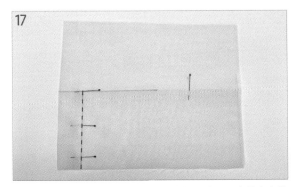

17

翻開裡布,使裡布只以直布紋方向對摺一次,固定後中心線並縫合。

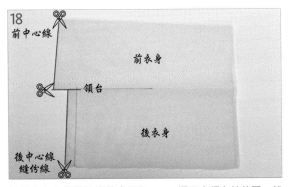

18

前中心線

前衣身

領台

後衣身

後中心線
縫份線

將後中心線的縫份修剪成只留 1cm。標示出領台並剪開,然後將左右相連的前衣身從前中心線剪開。

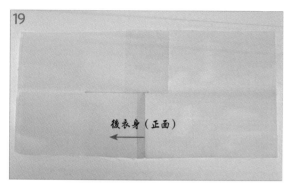

翻開裡布，將後中心線縫份摺成和表布同一個方向。
※ 從正面看是朝左摺。

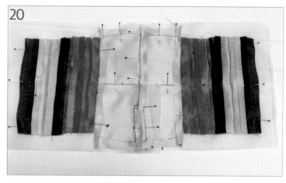

連結表布和裡布（雙層縫合）

將縫上袖子和衣襟的表布跟步驟 19 中翻開的裡布，正面對正面貼合，並用珠針將各個部位固定好，以免表布和裡布進行雙層縫合的時候移動。

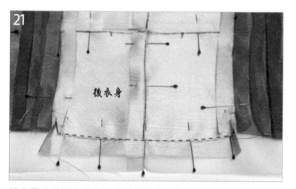

縫合用珠針固定的後衣身（後面的上衣）衣襬線。

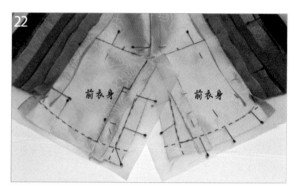

縫合左、右前衣身的衣襬線及衣襟線。

在兩邊袖子上標示出袖口（袖子邊緣），並縫合完成線就好。

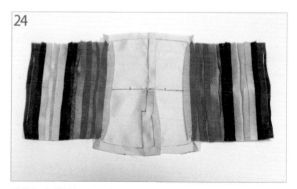

請將裡布的縫份修剪成跟表布一樣，只留 1cm 就好。

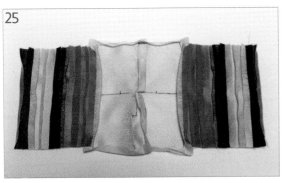

25

為了讓下襬線和衣襟線在翻面之後可以更漂亮，請將縫份朝
表布那邊摺，並用低溫進行熨燙。

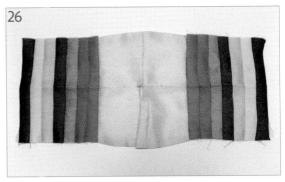

26

將表布翻到正面，翻好之後，用低溫進行熨燙。

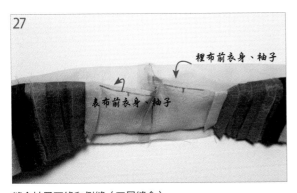

27

裡布前衣身、袖子

表布前衣身、袖子

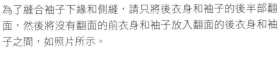

縫合袖子下緣和側縫（四層縫合）
為了縫合袖子下緣和側縫，請只將後衣身和袖子的後半部翻
面，然後將沒有翻面的前衣身和袖子放入翻面的後衣身和袖
子之間，如照片所示。

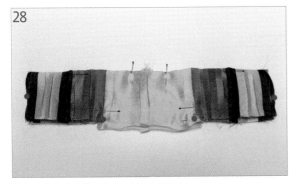

28

將裡布和表布仔細對齊，並用珠針固定。
※ 袖子下緣末端的袖口以及側縫末端與下襬線相交的部分，
必須精準地對齊，才能提高完成度。

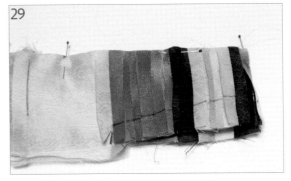

29

將紙型放在彩袖上面，畫出袖子下緣的完成線。

30

為了讓疊合的彩袖依照顏色對齊，請用珠針固定好。

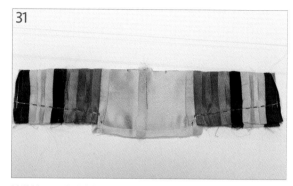

31

請將袖子下緣和側縫縫牢固。
※ 採用回針縫或使用縫紉機，可以縫製得更加牢固。

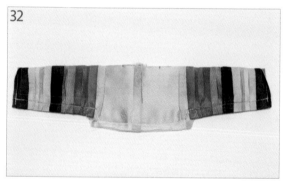

32

袖子下緣請留 1cm 的縫份。

33

請在袖子下緣和側縫相交處，以對角線剪一刀牙口。

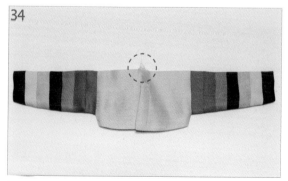

34

把手伸進開放的領台，將正面翻出來。

35

確認正面的彩袖顏色是否有對齊，然後整燙袖子的下緣和衣身的側縫。

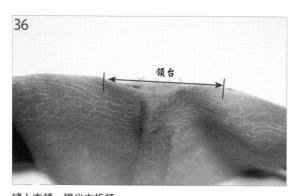

縫上衣領＿襪尖木板領

縫上衣領之前，請在上衣標示出領台，並用剪刀剪出領台的位置。

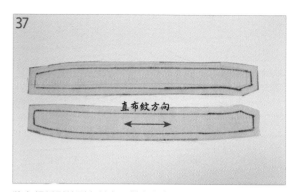

將衣領紙型放到布料上，對齊直布紋方向，畫出完成線及外加 0.5cm 的縫份線，並剪出兩條，作為表布和裡布。

※ 襪尖木板領無法利用對摺線畫出相連的裡布和表布。

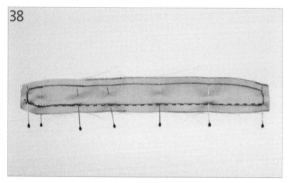

將剪好的衣領正面對正面貼合，並縫合衣領的外邊緣（接觸脖子的部分）。

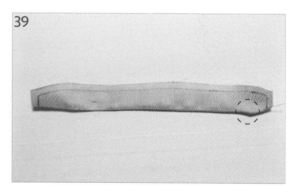

縫好之後翻面，將衣領如襪尖的地方推出來，並調整漂亮。

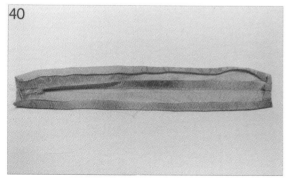

將衣領的縫份朝內摺並進行熨燙，製造出襪尖木板領的衣領形狀。

將衣領放到上衣上面，用珠針固定衣領的位置。

※ 衣領尖端大約和袖襱末端平行。

42

將固定好的衣領①從有縫份的背面縫合完成線，或者②從外面用藏針縫縫合。

43

衣領寬度　　　衣領寬度

將內側的衣身修剪成和衣領寬度同寬的縫份。

※ 將衣身的縫份剪到 1.5cm 以內，縫上衣領的時候，衣領的形狀才會摺得很漂亮。

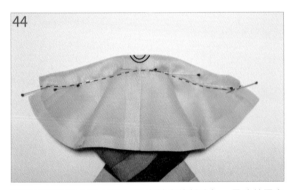

44

摺疊衣領的中心線（步驟 38 中縫合的部分），用珠針固定衣領內側，並以藏針縫縫合。

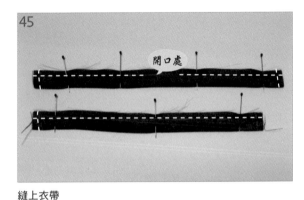

45

開口處

縫上衣帶

為了製作長衣帶 1×20cm、短衣帶 1×18cm，必須將長衣帶剪裁成 3×21cm、短衣帶剪裁成 3×19cm 並對半摺，留下開口處或其中一邊的短邊之後進行縫合。

TIP 衣帶的製作方法請參考第 183 頁。

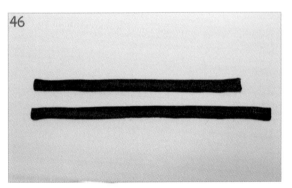

46

如果是留下開口處的話，翻面之後用藏針縫縫合開口處；如果是留下其中一邊短邊的話，請利用長筷子翻面，然後用藏針縫縫合。

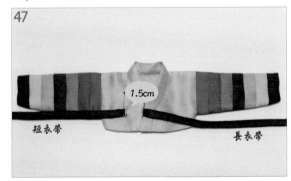

47

1.5cm

短衣帶　　　　　　　　　　　　長衣帶

請將長衣帶縫在和右邊（縫有外襟的那一邊）的衣領稍微重疊的位置，短衣帶則縫在左邊（縫有內襟的那一邊），與長衣帶相距衣領寬（1.5cm）的位置。

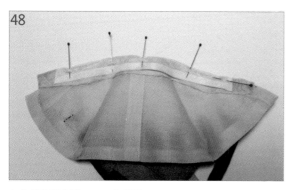

48

在衣領上縫上寬 0.5cm 的領邊。

TIP 縫領邊的方法請參考第 181 頁。

49

縫上領邊的樣子。

50

色彩繽紛的彩袖上衣就完成了。

裙子

布料　　　表布：熟庫紗 30×90cm（直布紋方向／橫布紋方向）
　　　　　裡布：老紡 30×85cm（直布紋方向／橫布紋方向）

How to Make

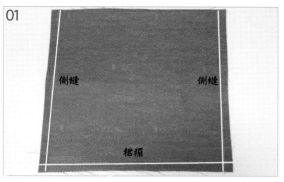

剪裁裙子
裙子不使用紙型，而是直接在布料上標示裙子大小並進行剪裁。將裙子表布剪成 25×25cm（直布紋方向／橫布紋方向），並在兩側側縫及裙襬畫上 1cm 的縫份。

使用跟步驟 1 一樣的方法準備好三張表布。

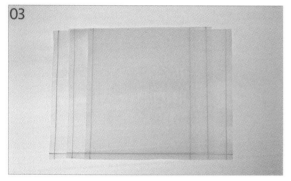

裡布也跟表布一樣，在 25×25cm（直布紋方向／橫布紋方向）的布料上標示出縫份，並準備好三張。

連結裙子、製作裙襬邊角
將裙子表布正面對正面貼合，並縫合側縫。

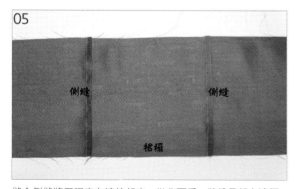

縫合側縫將三張表布連接起來。從背面看，縫份是朝右邊摺。

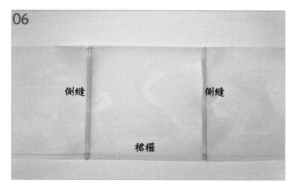

裡布也正面對正面貼合，縫合側縫將三張裡布連接起來。從背面看，縫份是朝左邊摺，穿起來的時候會和表布的縫份朝同一邊摺。

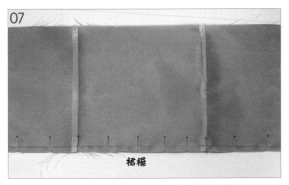

將連接好的表布和裡布正面對正面貼合，對齊縫份及裙襬之後用珠針固定。

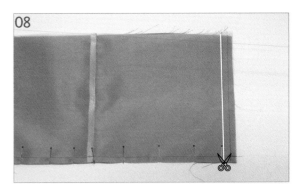

為了製作將裡布包覆起來的裙襬邊角，請在裙子裡布兩側標示內縮 2cm 的側縫並進行剪裁。
※ 只剪裡布。

在剪掉 2cm 的裡布側縫畫上 1cm 的縫份。

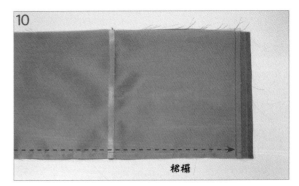

將裡布和表布相疊的裙襬縫合，只要縫合完成線就好。

裙襬縫好之後，將修剪過的裡布側縫拉到表布的側縫上並對齊完成線，用珠針固定。
※ 將裡布拉成和表布對齊，裙子的表布自然而然就會受到擠壓，並產生和照片中一樣的皺褶，裡布則是受到推擠而往上移動（往裙頭方向移動）。

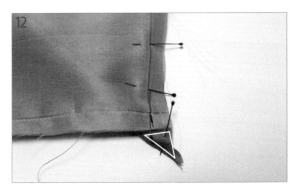

拉住側縫並對齊完成線時，表布會摺疊起來，使末端形成三角形。

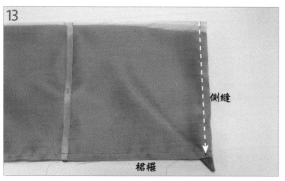

將固定好的裡布側縫縫合，縫到裙襬完成線和側縫完成線相交的完成點為止。

將步驟 12 形成的三角形從表布那面垂直縫合，並縫到裙襬完成線和側縫完成線相交的點。

壓摺縫好的三角形，就會形成和照片一樣的四角形。

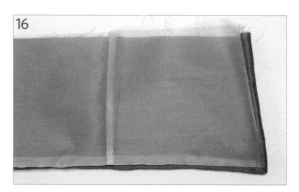

整理縫份，抓住裙襬，將整件裙子翻面。

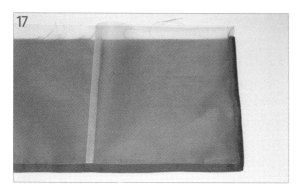

如果用低溫進行熨燙，就會在裙子裡布形成裙襬邊角。

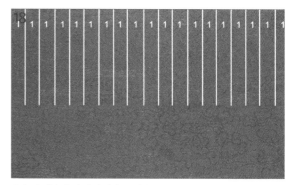

用粉片或粉筆在表布上標示出想要的裙子褶襉寬度。
※ 外褶襉 1cm，內褶襉 1cm。為了把裙子做得蓬蓬的，褶襉要畫得很細密。

請用珠針固定摺好的褶襉，以免裡布和表布分離。

在表布留下 1cm 的縫份之後，沿著固定好的褶襉縫牢固。

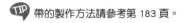 **TIP** 縫好之後，用低溫稍微熨燙一下，褶襉會變得更漂亮。

製作裙頭

用裙子表布的布料來製作裙頭。裙子和裙頭布料一樣的話，穿上之後，即使看到裙頭也顯得很端莊。將裙頭綁帶剪成 3×21cm（橫布紋方向／直布紋方向），將裙頭布料剪成 6×28cm（橫布紋方向／直布紋方向）。

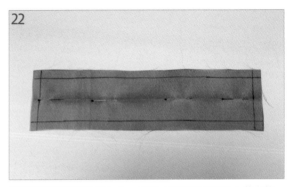

在裙頭布料的四周畫上 1cm 縫份（如果裙頭布料太薄太軟，請貼上一層老紡作為布襯）。

※ 因為做出褶襉的裙子腰圍是 26cm，兩側各留 1cm 的縫份，所以剪裁的長度是 28cm，並配合直布紋方向進行剪裁。裙子做好之後，再配合裙子的腰圍長度剪裁裙頭布料。

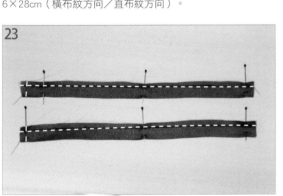

將剪好的裙頭綁帶對半摺，標示出 0.5cm 的縫份並縫合。

TIP 帶的製作方法請參考第 183 頁。

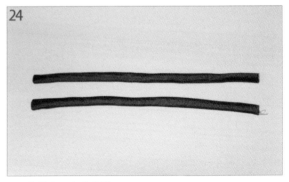

裙頭綁帶翻面之後的樣子。

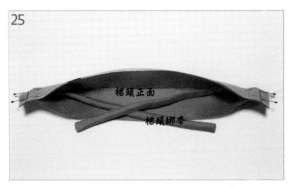

將裙頭布料正面對正面對半摺，並且放入裙頭綁帶。

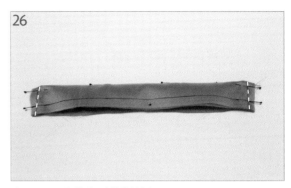

將放入裙頭綁帶的兩側側縫縫合。

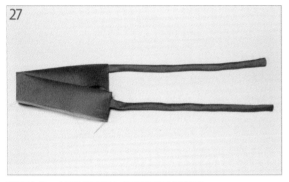

翻面之後，就變成裙頭上縫著綁帶的狀態了。

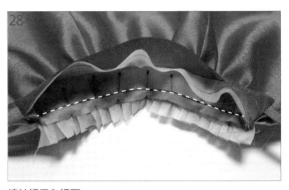

連結裙子和裙頭
將製作好的裙頭放在做出褶襉的裙子表布上，從裙頭的內面縫牢固。

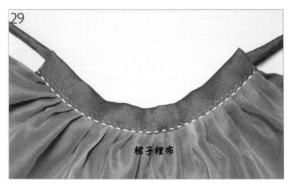

將其餘的裙頭縫份往裙子裡布那邊摺，並用交叉縫收尾。
※ 請用交叉縫或藏針縫縫合。

和彩袖上衣很相配的裙子就完成了。

頭飾

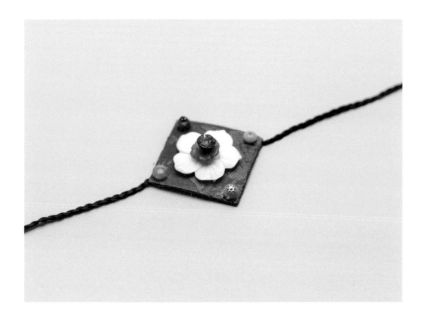

布料　　表布：洋緞 6×6cm（直布紋方向／橫布紋方向）
　　　　裡布：甲紗 6×6cm（直布紋方向／橫布紋方向）
副材料　寶石、貝殼等裝飾品以及假髮（人造毛髮）
　　　　厚紙板、口紅膠、熱熔膠或透明膠水

01

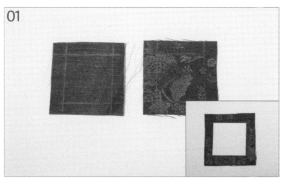

剪裁頭飾

將表布和裡布剪成 6×6cm 的大小，四周標示 1cm 的縫份。然後將厚紙板剪成 4×4cm 的大小。

02

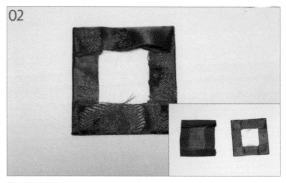

將厚紙板的其中一面塗上膠水，並貼到表布上，然後將表布和裡布的縫份都往內摺，並進行熨燙。

TIP 膠水會產生污漬，建議使用口紅膠。將紙黏到表布上，再稍微熨燙一下，隨著膠水逐漸變乾，紙就會牢固地黏在表布上。

03

裝飾頭飾及收尾

利用熱熔膠或透明膠水黏上寶石和貝殼，接著在背面黏上編成辮子的假髮。

04

將裡布貼合在表布背面，用斜針縫密實地縫合四周。

05

斜針縫縫完之後，從背面看的樣子。

06

跟傳統韓服非常相配的可愛頭飾就完成了。

孝女沈清

鑲邊上衣＋高腰背心裙＋韓式馬褂＋燕喙髮帶

  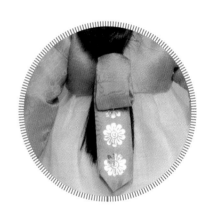

無微不至地侍奉著盲人父親的孝女沈清，

為了使父親重見光明，自願成為祭祀印塘水的祭品。

樸實且顏色黯淡的

素雅的韓服，

最適合貧窮但內心善良的沈清。

鑲邊上衣

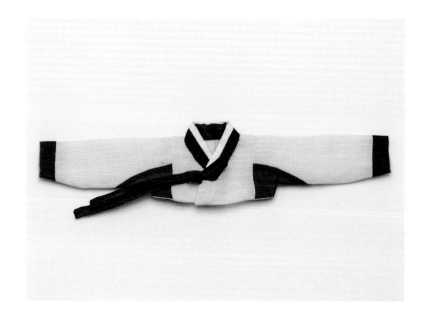

原尺寸紙型 P200、201

布料　　　表布：甲紗 30×50cm（直布紋方向／橫布紋方向）
　　　　　裡布：老紡 20×42cm（直布紋方向／橫布紋方向）
　　　　　鑲邊（衣領、袖口鑲邊、衣帶、腋下拼布）：甲紗 30×30cm（直布
　　　　　紋方向／橫布紋方向）

01

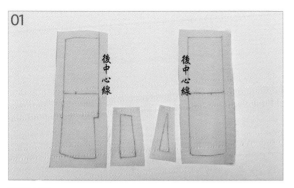

剪裁上衣

將衣身和衣襟紙型放在上衣表布上，畫出完成線及外加 1cm 的縫份線，然後進行剪裁。後中心線（後背的中心縫線）的縫份也是 1cm。

02

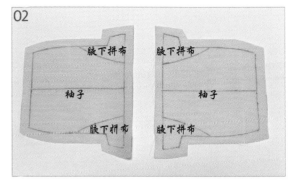

袖子紙型也放在上衣表布上，畫出完成線及外加 1cm 的縫份線。

※ 因為鑲邊上衣的腋下區域有腋下拼布，所以也要畫出要縫上腋下拼布的完成線。

03

將腋下拼布紙型放在其他顏色的布料上，畫出完成線及外加 1cm 的縫份線，然後進行剪裁，總共剪裁四張。

04

替要縫在袖口的袖口鑲邊標示出中心線，畫出完成線及外加 1cm 的縫份線，然後剪裁出左右兩張。

05

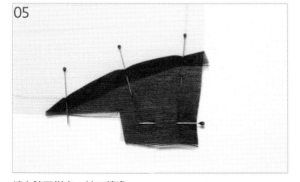

縫上腋下拼布、袖口鑲邊

沿著腋下拼布的完成線摺疊縫份，用珠針固定在袖子正面。

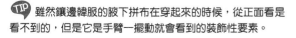 **TIP** 雖然鑲邊韓服的腋下拼布在穿起來的時候，從正面看是看不到的，但是它是手臂一擺動就會看到的裝飾性要素。

06

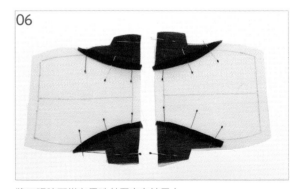

將四張腋下拼布用珠針固定在袖子上。

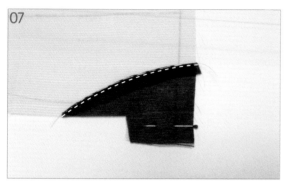

利用純絲線沿著固定好的腋下拼布完成線疏縫邊緣。
※ 使用疏縫比較容易縫合曲線。使用純絲線是因為之後拆除疏縫的時候對衣服的損傷較少。

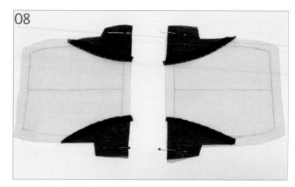

四張腋下拼布都進行疏縫。

掀開固定好的腋下拼布，就會有疏縫形成的記號。沿著記號縫合腋下拼布的曲線。

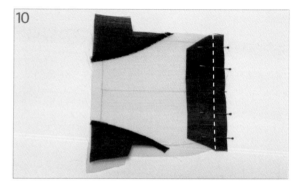

將剪好的袖口鑲邊和袖子正面對正面貼合，用珠針固定後縫合。

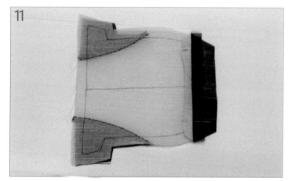

用分開法整理袖子和袖口鑲邊的縫份。

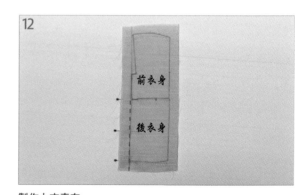

製作上衣表布
將剪好的衣身布料正面對正面貼合，用珠針固定，然後縫合後中心線。

翻開衣身，從正面看，縫份是朝右邊摺。
※ 從背面看，縫份是朝左邊摺。

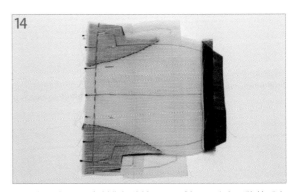

將衣身和步驟 11 中製作好的袖子正面對正面貼合，將其固定並縫合，且縫到縫份邊緣為止。

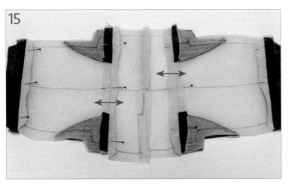

另一邊的袖子也和衣身連結，用分開法整理縫份。

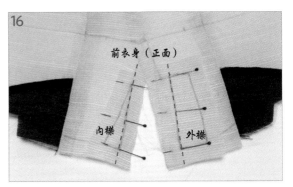

請將外襟放在右邊，內襟放在左邊，使前衣身（前面的上衣）和衣襟正面對正面貼合並縫合。

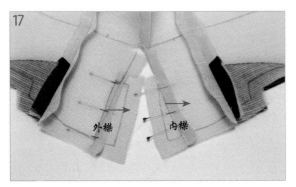

請將衣襟的縫份摺好，外襟的縫份朝外襟那邊摺，內襟的縫份朝衣身那邊摺。

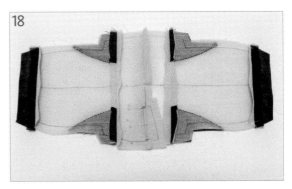

從背面看上衣表布的樣子。

19

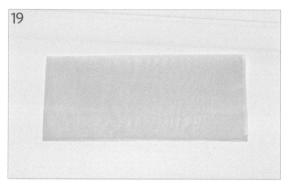

製作上衣裡布

上衣裡布不使用紙型，而是直接在布料上標示出尺寸並進行剪裁。將裡布布料剪成 20×42cm（直布紋方向／橫布紋方向）的大小，以直布紋方向對摺一次，再以橫布紋方向對摺一次。

20

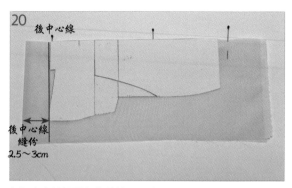

在裡布布料摺疊好的狀態下，將衣身和袖子紙型放上去，替後中心線留下 2.5～3cm 的縫份，然後畫上後中心線。

21

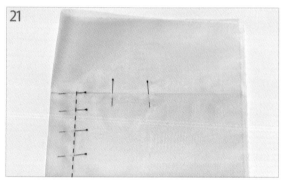

翻開裡布，使裡布只以直布紋方向對摺一次，固定後中心線並縫合。

22

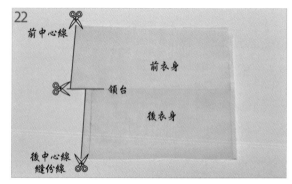

將後中心線的縫份修剪成只留 1cm。標示出領台並剪開，然後將左右相連的前衣身從前中心線剪開。

23

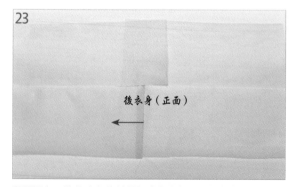

翻開裡布，將後中心線縫份摺成和表布同一個方向。
※ 從正面看是朝左摺。

24

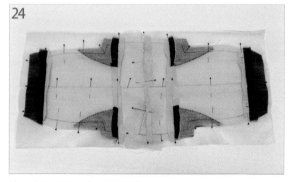

連結表布和裡布（雙層縫合）

將鑲邊上衣表布和裡布正面對正面貼合，並用珠針將各個部位固定好，以免表布和裡布進行雙層縫合的時候移動。

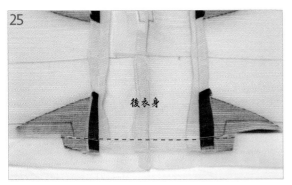

25

縫合後衣身（後面的上衣）的衣襬線並縫到縫份邊緣為止。

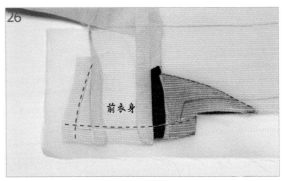

26

縫合左、右前衣身的衣襬線及衣襟線，並縫到縫份邊緣為止。

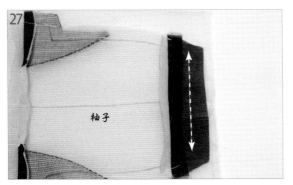

27

縫合袖口（袖子邊緣），並縫合完成線就好。

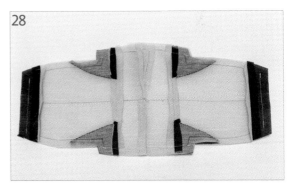

28

請將裡布的縫份修剪成跟表布一樣，只留 1cm 就好，並將縫份做整理。

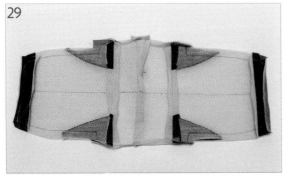

29

為了讓下襬線和衣襟線在翻面之後可以更漂亮，請將縫份朝表布那邊摺，並用低溫進行熨燙。

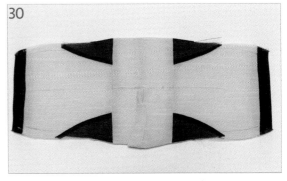

30

將表布翻到正面，翻好之後，用低溫進行熨燙。

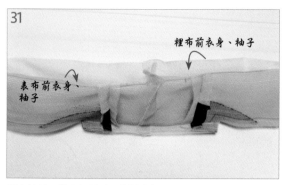

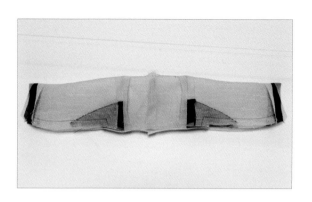

裡布前衣身、袖子

表布前衣身、袖子

縫合袖子下緣和側縫（四層縫合）

為了縫合袖子下緣和側縫，請只將後衣身和袖子的後半部翻面，然後將沒有翻面的前衣身和袖子放入翻面的後衣身和袖子之間，如照片所示。

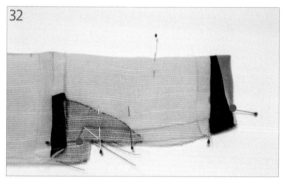

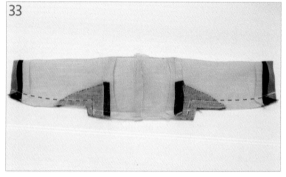

為了對齊表布和裡布，請用珠針固定袖口末端、側縫末端、腋下拼布、袖口鑲邊。
※ 請仔細對齊腋下拼布和袖口鑲邊，使它們在翻面之後可以前、後準確對齊。

請將袖子下緣和側縫縫牢固。
※ 由於鑲邊上衣多縫了一張腋下拼布，厚度比較厚，翻面的時候有可能會爆開，因此請使用回針縫或使用縫紉機。

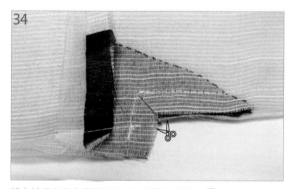

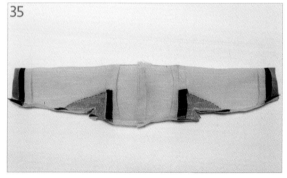

請在袖子下緣和側縫相交處，以對角線剪一刀牙口。

為了讓袖子下襬的形狀在翻面之後可以更漂亮，請在翻面之前，將縫份摺好並進行熨燙。

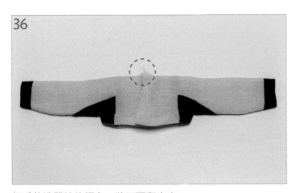

把手伸進開放的領台，將正面翻出來。

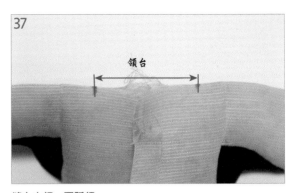

縫上衣領__圓弧領

縫上衣領之前，請放上紙型並標示出領台的位置，然後用剪刀剪開領台的位置。

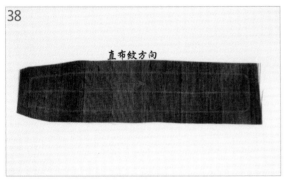

衣領要使用跟腋下拼布及袖口鑲邊一樣的布料，對齊直布紋方向，畫出完成線及外加 1cm 的縫份線。
※ 利用對摺線畫出相連的裡布和表布。

沿著衣領的完成線將縫份往內摺，做出衣領的形狀。

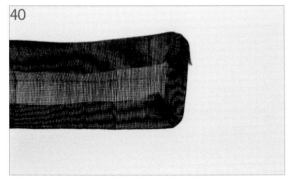

一邊仔細地摺疊衣領圓弧處的縫份，一邊調整形狀。

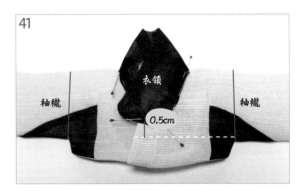

將衣領放到上衣上面，用珠針固定衣領的位置。
※ 衣領大約在和袖襱末端平行再往上 0.5cm 的位置。

42

將固定好的衣領①從有縫份的背面縫合完成線，或者②從外面用藏針縫縫合。

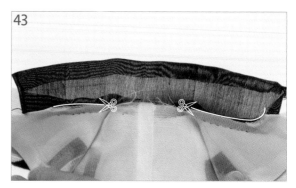

43

將內側的衣身修剪成和衣領寬度同寬的縫份。

※ 將衣身的縫份剪到 1.5cm 以內，縫上衣領的時候，衣領的形狀才會摺得很漂亮。

44

沿著對摺線將衣領摺疊，用珠針固定衣領內側，並以藏針縫縫合。

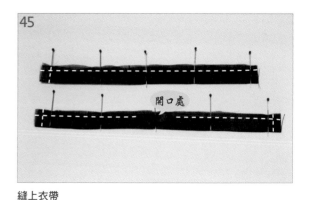

45

縫上衣帶

為了製作長衣帶 1×20cm、短衣帶 1×18cm，必須將長衣帶剪裁成 3×21cm、短衣帶剪裁成 3×19cm 並對半摺，留下開口處或其中一邊的短邊之後進行縫合。

TIP 衣帶的製作方法請參考第 183 頁。

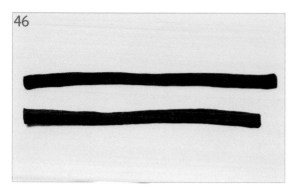

46

如果是留下開口處的話，翻面之後用藏針縫縫合開口處；如果是留下其中一邊短邊的話，請利用長筷子翻面，然後用藏針縫縫合。

47

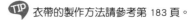

請將長衣帶縫仕和右邊（縫有外襟的那一邊）的衣領稍微重疊的位置，短衣帶則縫在左邊（縫有內襟的那一邊），與長衣帶相距衣領寬（1.5cm）的位置。

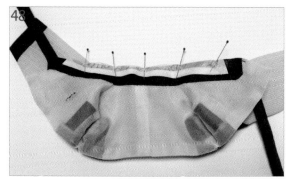

在衣領上縫上寬 0.5cm 的領邊。

 縫領邊的方法請參考第 181 頁。

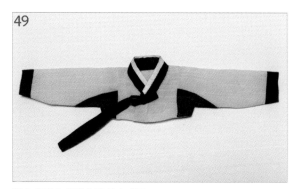

顏色美麗的鑲邊韓服就完成了。

高腰背心裙

原尺寸紙型 P202

布料　　表布：雙宮綢 28×80cm（直布紋方向／橫布紋方向）
　　　　　背心：棉布或甲紗 30×10cm（直布紋方向／橫布紋方向）

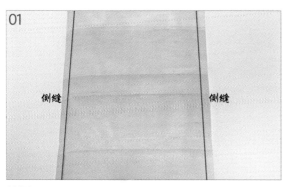

剪裁裙子

裙子不使用紙型，而是直接在布料上標示裙子大小並進行剪裁。請將裙子表布剪成三張 25×23cm（直布紋方向／橫布紋方向），兩側側縫請留 1cm 的縫份。

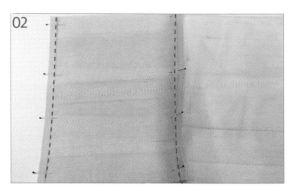

連結裙子、製作裙襬邊角

將裙子表布正面對正面貼合，並縫合側縫。

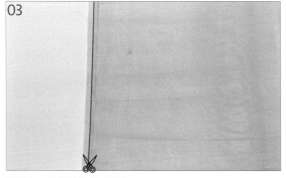

將其中一片縫份修剪成只留 0.3cm。

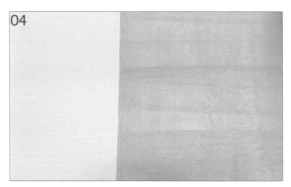

用另一片縫份將它包覆起來，以包縫法做整理。
※ 因為是單層的裙子，為避免縫份邊緣散開，請用包縫法整理縫份。

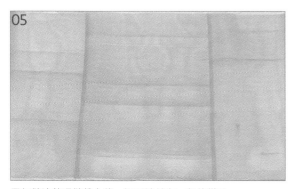

用包縫法整理縫份之後，裙子連結在一起的樣子。

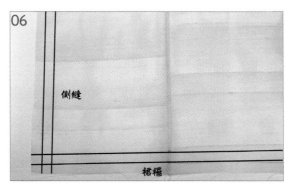

利用熱消筆在連結好的裙子兩側及裙襬各標示兩次 1.5cm 的縫份。

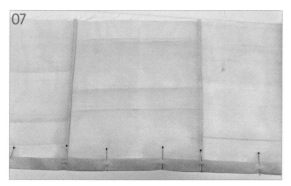

07

沿著步驟 6 中畫上的縫份線，將側縫及裙襬往內摺兩次，每次摺 1.5cm，然後用珠針固定。

08

將側縫和裙襬相交的稜角往上摺成一個小三角形。

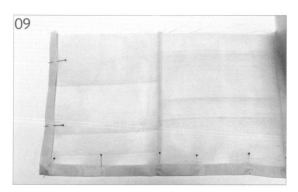

09

稜角往上摺成三角形後用珠針固定的樣子。

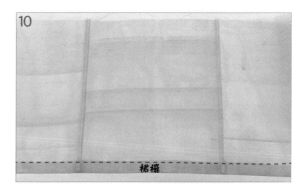

10

裙襬

以藏針縫縫合固定好的裙襬。

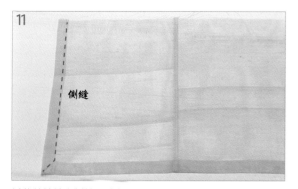

11

側縫

以藏針縫縫合側縫及稜角。

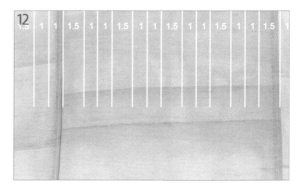

12

用粉片或粉筆在表布上標示出想要的裙子褶襉寬度。外褶襉 1.5cm，內褶襉 1cm。
※ 但是，製作褶襉的時候，裙子腰圍必須要有 24cm 左右，裙子縫到背心上才會好看。

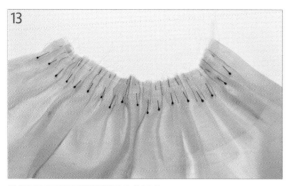

13

從裙子正面摺好褶襉並用珠針固定。

14

留下 1cm 的縫份之後,沿著固定好的褶襉縫牢固。

TIP 縫好之後,用低溫稍微熨燙一下,褶襉會變得更漂亮。

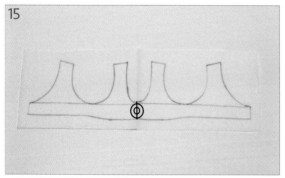

15

製作背心
將紙型放在背心布料上,對齊直布紋方向,利用對摺線畫出背心左右的完成線。

16

留下 1cm 的縫份,裡布和表布各剪一張,總共兩張。

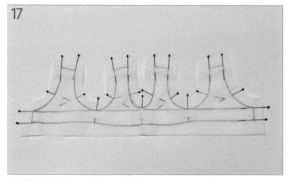

17

將剪好的背心正面對正面貼合,並用珠針固定。

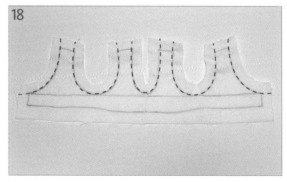

18

除了肩線之外,將袖襱、前頸圍、後頸圍縫合。

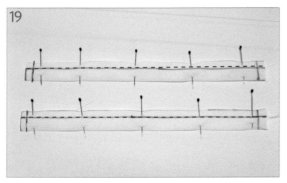

剪裁兩條大小為 3×21cm（橫布紋方向／直布紋方向）的裙頭綁帶，對半摺之後，三邊各留下 0.5cm 的縫份並縫合。

 帶的製作方法請參考第 183 頁。

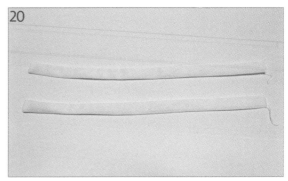

將縫好的裙頭綁帶翻面，用低溫稍微熨燙一下。

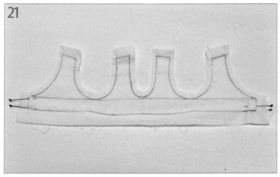

將步驟 18 中縫合的袖襱、前頸圍、後頸圍縫份修剪成只留 0.5cm，將裙頭綁帶放入背心兩側。
※ 請放在表布和裡布之間。

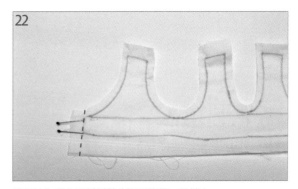

請和放入背心兩側側縫的裙頭綁帶一起縫合。

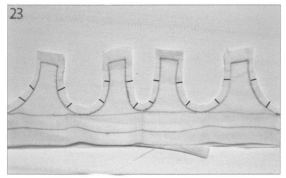

為了讓袖襱、前頸圍、後頸圍的曲線在翻面之後可以更漂亮，請在縫份上剪牙口。

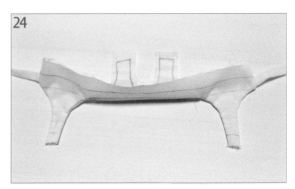

翻到正面，但是只將背心兩側的後肩帶翻面，如照片所示。

25

將翻面的後肩帶放入沒有翻面的前肩帶之間,對齊完成線並用珠針將肩線固定在一起。

26

兩邊後肩帶各自放入前肩帶之間的樣子。

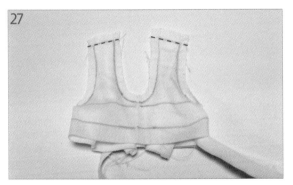

27

縫合固定好的肩線。
※ 總共縫合四層。

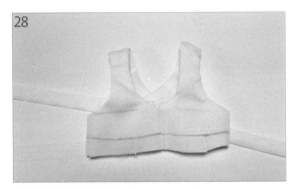

28

肩線縫好之後翻面,背心就完成了。

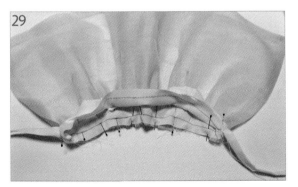

29

連結背心和裙子
將製作好的背心正面放在做出褶襉的裙子正面上,用珠針固定。

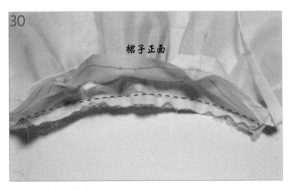

30

裙子正面

從背心的背面縫牢固。

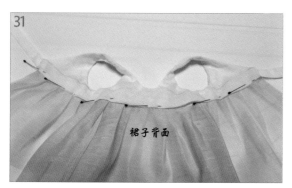

將背心裡布的縫份摺好，從裙子背面用珠針固定。

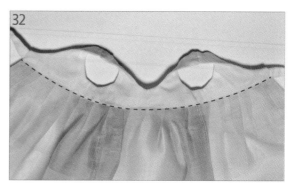

用藏針縫或交叉縫收尾。

加上背心的美麗單層裙子就完成了。

韓式馬褂

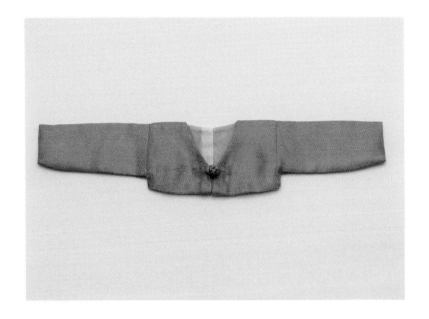

原尺寸紙型 P202、203

布料　　　表布：熟庫紗 30×50cm（直布紋方向／橫布紋方向）
　　　　　裡布：老紡 20×42 cm（直布紋方向／橫布紋方向）
　　　　　盤扣：熟庫紗 25×25cm（直布紋方向／橫布紋方向）

TIP 韓式馬褂是加穿在上衣外面的沒有衣領和衣帶的韓服。
因為沒有縫上衣帶，所以為了固定衣襟，必須縫上鈕釦或盤
扣。

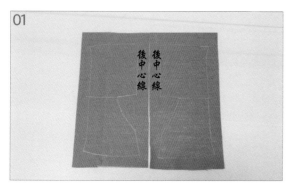

剪裁韓式馬褂

將衣身（上衣）紙型放在表布上，畫出完成線及外加 1cm 的縫份線，然後剪裁出左右兩片。後中心線（後背的中心縫線）的縫份也是 1cm。

※ 韓式馬褂是不另外縫上外襟及內襟且左右對稱的韓服。

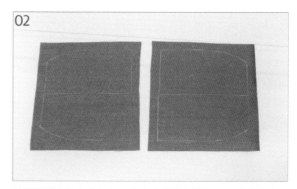

袖子紙型也放在表布上，畫出完成線及外加 1cm 的縫份線，然後進行剪裁。

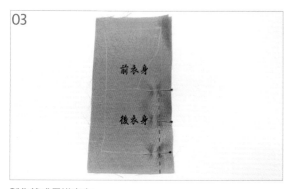

製作韓式馬褂表布

將剪好的衣身正面對正面貼合，為避免位移，請用珠針固定，然後縫合後中心線。

翻開衣身，從正面看，縫份是朝右邊摺。

※ 從背面看，縫份是朝左邊摺。

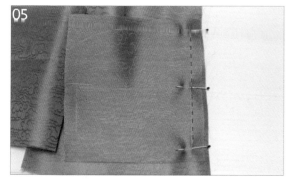

將上衣和袖子正面對正面貼合，用珠針固定後縫合袖襱，並縫合完成線就好。

製作韓式馬褂裡布

韓式馬褂裡布不使用紙型，而是利用尺剪成一大張。將裡布布料裁成 20×40cm（直布紋方向／橫布紋方向）的大小，以直布紋方向對摺一次，再以橫布紋方向對摺一次。

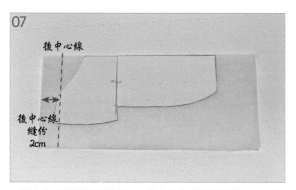

在裡布布料摺疊好的狀態下，將衣身和袖子紙型放上去，替後中心線留下 2cm 的縫份，然後畫上後中心線完成線。

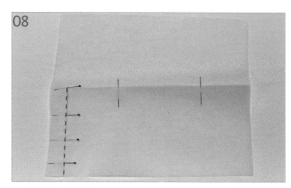

翻開裡布，使裡布只以直布紋方向對摺一次，固定後中心線並縫合。
※ 因為裡布後中心線必須製造出縫合袖子下襬和側縫時可翻面的開口處，所以可以不用縫得太密實。

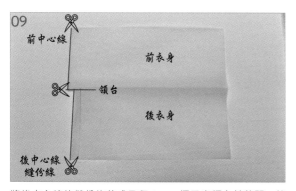

將後中心線的縫份修剪成只留 1cm。標示出領台並剪開，然後將左右相連的前衣身從前中心線剪開。

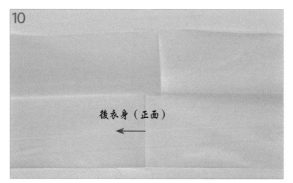

翻開裡布，將後中心線縫份摺成和表布同一個方向。
※ 從正面看是朝左摺。

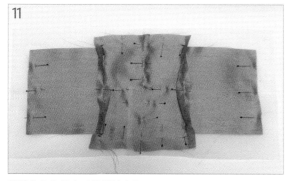

連結表布和裡布（雙層縫合）
將縫上袖子的表布跟步驟 10 中翻開的裡布，正面對正面貼合，並用珠針將各個部位固定好，以免表布和裡布進行雙層縫合的時候移動。

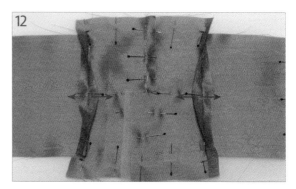

將表布的袖子縫份用分開法翻開，和裡布一起用珠針固定。

縫合用珠針固定的後衣身（後面的上衣）衣襬線。

縫合左、右前衣身（前面的上衣）的衣襬線－前中心線（前面的中心縫線）－頸圍。

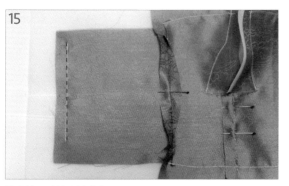

縫合袖口（袖子邊緣）。

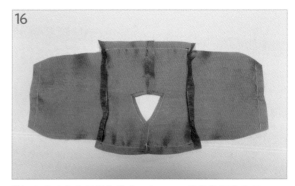

將裡布和表布的縫份修剪成只留 1cm，並將縫份做整理。

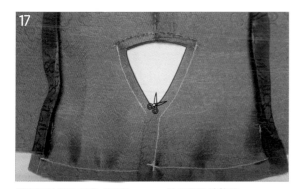

將頸圍的縫份修剪成只留 0.5cm，並將縫份做整理。

 如果曲線區域的縫份留太多，形狀會變得不漂亮。

在頸圍後頸點的位置，以對角線剪一刀牙口。

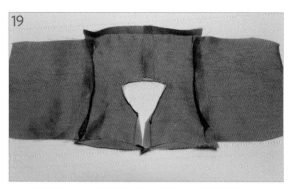

19

將整理好的縫份往表布那邊摺，然後用低溫進行熨燙。

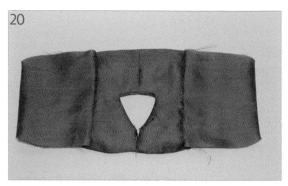

20

將手放入袖子下襬，然後將韓式馬褂翻到正面。

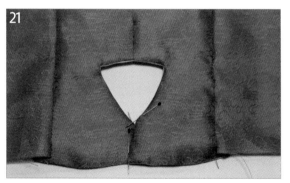

21

為了讓頸圍線和前中心線（前面的中心縫線）看起來更漂亮，請調整形狀。

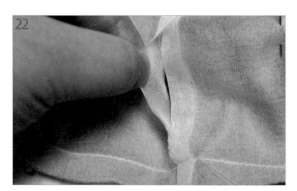

22

縫合袖子下緣和側縫（四層縫合）
將縫合的後中心線稍微拉開，形成開口處。

23

只將後衣身和袖子的後半部翻面，然後藉由開口處將沒有翻面的前衣身和袖子的前半部放進去，如照片所示。

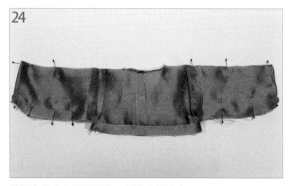

24

將裡布和表布仔細對齊，並用珠針固定。
※ 袖子下緣末端的袖口以及側縫末端與下襬線相交的部分，必須精準地對齊，才能提高完成度。

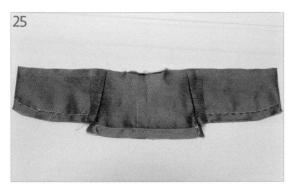

25

將固定好的袖子下緣和側縫縫牢固。

TIP 採用回針縫或使用縫紉機，可以縫製得更加牢固。

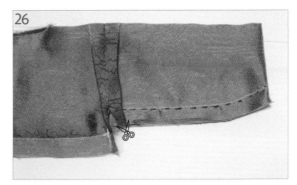

26

為了讓上衣的形狀在翻面之後可以更漂亮，請在袖子下緣和側縫相交處剪一刀牙口。

27

藉由裡布後中心線的開口處將正面翻出來。

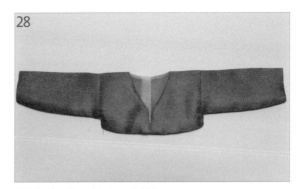

28

請整燙袖子的下緣和衣身的側縫。

29

用藏針縫縫合裡布後中心線的開口處。

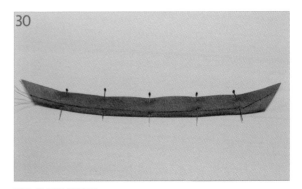

30

製作盤扣的編織繩
為了製作盤扣的編織繩，請以斜布紋方向剪裁 3 ～ 4×25cm（寬／長）的布條，對半摺並在對摺線往內 0.5cm 處畫上完成線。

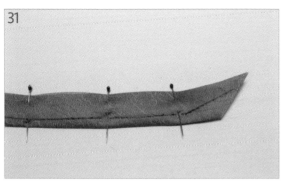

31

畫完成線的時候，請將其中一端畫成漏斗的形狀。

 畫成漏斗的形狀，之後會比較好翻面。

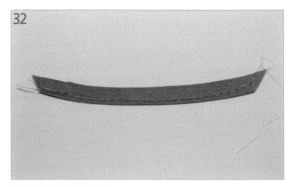

32

沿著完成線密實地縫合。

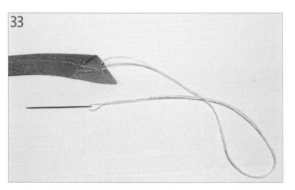

33

請把線穿到步驟 31 中畫的漏斗上。
※ 如照片所示，線要有四股。

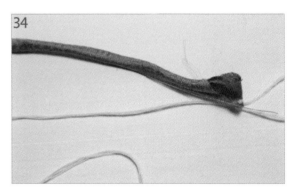

34

把針穿入通道，並從另一端穿出來，使編織繩翻面。

35

編織繩翻面之後的樣子。

36

製作盤扣鈕頭
將編織繩以 8 字形環繞在食指及中指之間，並用大拇指抓住環繞中指的編織繩末端。

 盤扣的韓文叫做蓮苞結，因為鈕頭長得像蓮花的花苞而得名，又被稱作鈕鈕結。用圓形的繩結製作成扣環，很適合用來固定衣襟。

37

將 ❶ 移往食指的方向，好像要把食指綁起來那樣，由下往上穿；將 ❷ 移往中指的方向，好像要把中指綁起來那樣，由下往上穿。

38

從上面看的樣子。

39

輕輕地將編織繩從手指上取下，形成∞的形狀。

40

輕輕壓住兩邊，將編織繩弄鬆一點，就會看到經過中間的中心繩。

41

將中心繩往上拉，形成一個拱門。
以拱門為基準，將 ❶ 從前面繞到後面，再穿入拱門下方的圓圈，將 ❷ 從後面繞到前面，再穿入拱門下方的圓圈。

42

輕輕地拉動穿過圓圈的 ❶ 和 ❷，就會變成和照片中一樣的形狀。

43

為了消除拱門，必須將與它連動的繩往下拉動，然後球狀的鈕頭就完成了。

44

用線捆綁末端，並且修剪末端，然後用剩下的編織繩製作環圈，其大小要可讓鈕頭穿過。

※ 用線捆綁末端的時候，為避免鬆開，請多纏繞幾圈，並且綁緊。

45

將盤扣縫到韓式馬褂上__盤扣
用韓式馬褂表布布料剪出兩張 4×4cm 的布塊，然後摺成約 1.5×1.5cm 的大小，作為盤扣的貼邊。

※ 貼邊是疊縫在衣服容易鬆開之處的布料。

46

從正面看的樣子。

47

將盤扣鈕頭及貼邊放在韓式馬褂頸圍的正下方，用珠針固定之後，以回針縫縫合。

※ 另一邊請縫上盤扣的環圈。

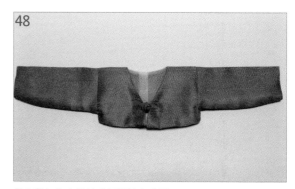

48

縫有盤扣的女裝韓式馬褂就完成了。

燕喙髮帶

布料　　　熟庫紗 35×7cm（直布紋方向／橫布紋方向）
裝飾　　　寬度 2cm 以內的花朵圖案的金箔

01

製作燕喙髮帶
把尺貼放在布料上,將布料剪裁成 35×7cm(直布紋方向/橫布紋方向)。髮帶長度必須是紮到辮子上之後,還可往下垂放的長度,寬度則要和髮束差不多寬,不要有太多頭髮顯露在髮帶外,會比較好看。

02

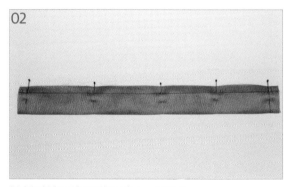

對半摺並在三邊分別標示出 1cm 的縫份。

03

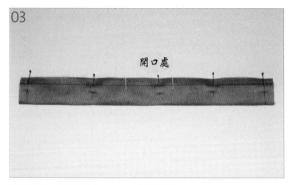

在長邊的中間標示 7 ～ 8cm 的開口處。

04

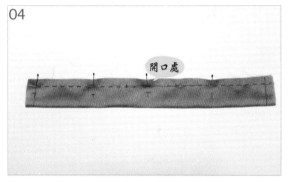

除了開口處之外,將長邊的完成線縫合,並縫到縫份邊緣。

TIP 如果縫得不夠牢固,常髮帶在翻面的時候,線有可能會鬆開,因此,開口處附近要用回針縫(手縫)或用倒退回針(縫紉機)縫牢固。

05

橫向對摺,而且只要摺到完成線就好,用珠針固定兩側。

06

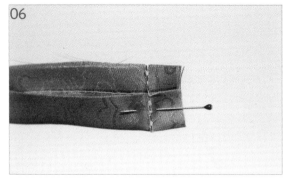

縫合固定好的兩側側縫。

利用開口處翻面。

翻面之後調整兩側末端，末端就會形成尖銳的三角形形狀。

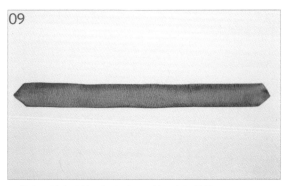

髮帶的兩側末端整理好之後，用低溫進行熨燙。

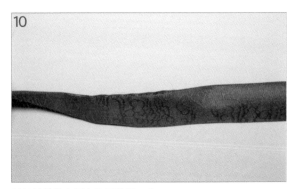

以藏針縫縫合用來翻面的開口處。

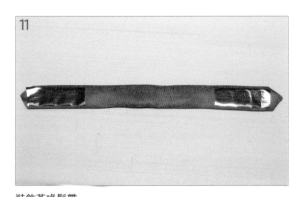

裝飾燕喙髮帶
貼上金箔紙，用低溫進行熨燙。

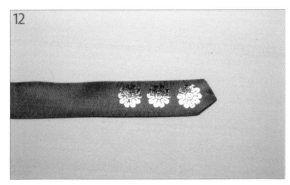

小心地將金箔紙從末端撕起來，蓋上乾淨的布，再熨燙一次，金箔就會被固定住。

13

Baby Doll 尺寸的燕喙髮帶就完成了。

出門跑腿的小紅帽

蓬蓬袖上衣＋棉質裙＋防寒帽

頭戴紅色防寒帽及身穿可愛韓服的小紅帽，

為了去探望生病的奶奶，

正走在森林小路上。

小紅帽可以不遇到大野狼，

安全地到達奶奶家嗎？

蓬蓬袖上衣

原尺寸紙型 P204、205

布料	表布：棉布 30×50cm（直布紋方向／橫布紋方向）
副材料	裝飾用蕾絲、暗鈕

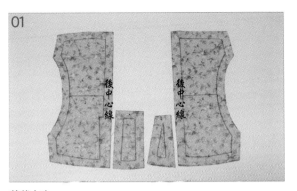

01

剪裁上衣

放上紙型，畫出完成線及外加 1cm 的縫份線，然後進行剪裁。
後中心線（後背的中心縫線）的縫份也請外加 1cm。

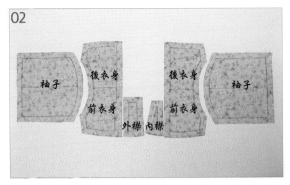

02

畫出衣身（上衣）左右兩張、袖子左右兩張、外襟和內襟各
一張，然後總共裁出六張布。

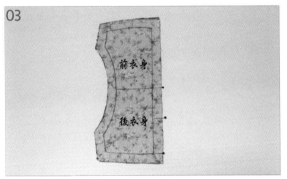

03

製作上衣

將剪好的衣身正面對正面貼合，用珠針固定後中心線。

TIP 因為是用棉布製作的單層韓服上衣，所以請用包縫法整
理縫份。

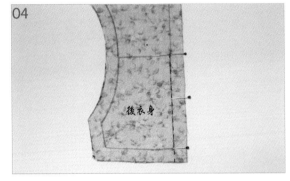

04

縫合固定好的後中心線。

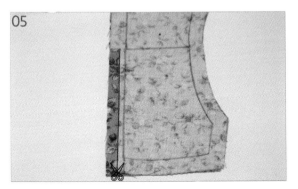

05

將後中心線的其中一片縫份修剪成只留 0.3cm。

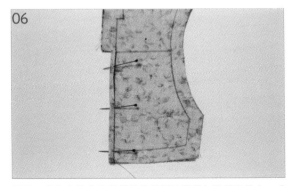

06

用另一片沒有修剪的縫份將修剪好的縫份包覆起來縫合，或
用縫紉機壓著車縫。

07

縫份包縫後的樣子。

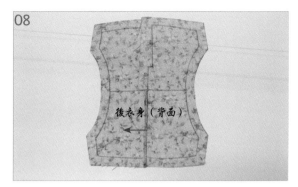

08

翻開衣身,從正面看,縫份是朝右邊摺。
※ 從背面看,縫份是朝左邊摺。

09

將前衣身(前面的上衣)和衣襟正面對正面貼合,外襟放在
前衣身的右邊,內襟放在前衣身的左邊,然後進行縫合。

10

跟後中心線一樣,將衣襟的其中一片縫份剪短,並用另一片
縫份包覆起來,藉由包縫法整理縫份。

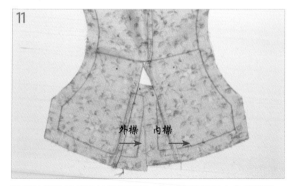

11

請將外襟的縫份朝外襟那邊摺,內襟的縫份朝衣身那邊摺,
用低溫稍微熨燙一下。

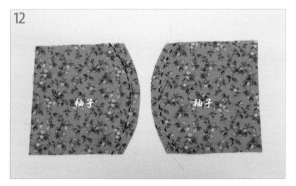

12

由於袖子的袖襱線和衣身的袖襱線是同一個方向的曲線,因
此,會很難縫合,所以請用純絲線疏縫袖子的袖襱線。

衣身的袖襱線也要疏縫。

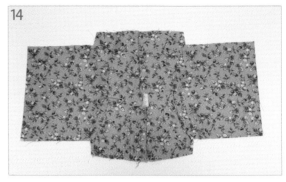

將袖子的袖襱線縫份摺好，對齊衣身的袖襱線及中心線，並用珠針固定。

為了方便從背面縫合，請將用珠針固定的衣身和袖子一起疏縫。

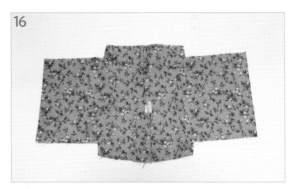

用疏縫縫上袖子的樣子。

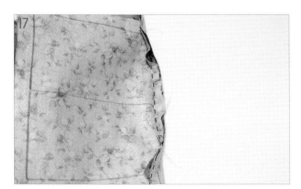

從縫份內側縫牢固，將袖子連結到衣身上。

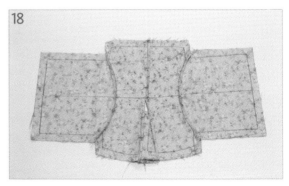

將其中一片縫份修剪成只留 0.3cm，並用另一片縫份包覆起來，藉由包縫法整理縫份。

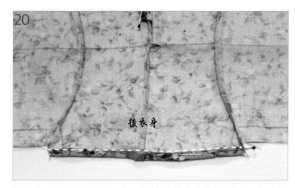

將外襟和內襟邊緣的縫份，以及下襬線的縫份，往內摺兩次，每次摺 0.5cm，然後用藏針縫縫合。

後衣身（後面的上衣）的下襬線縫份也往內摺兩次，每次摺 0.5cm，然後用藏針縫縫合。

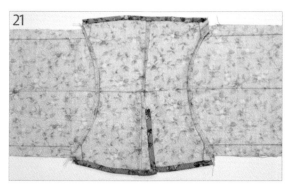

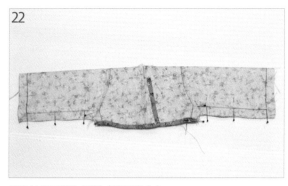

縫份整理好的樣子。

縫合袖子下緣和側縫（雙層縫合）
以肩膀中心線為基準，將衣身和袖子對摺，用珠針固定袖子下緣及側縫。

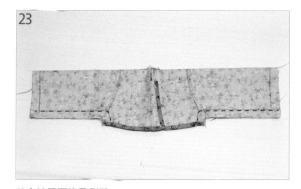

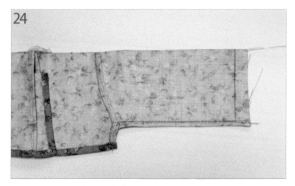

縫合袖子下緣及側縫。

將袖子下緣及側縫的其中一片縫份修剪成只留 0.3cm，並用另一片縫份包覆起來，藉由包縫法整理縫份。

25

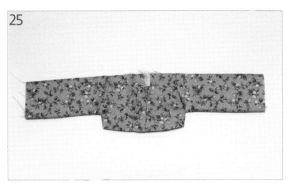

翻面之後，用低溫稍微熨燙一下。

26

袖口

製作蓬蓬袖
為了在袖口製造平縫皺褶（拉緊縫線製造出來的皺褶），請進行平針縫。

27

袖口

請拉緊縫線，在袖口製造出平縫皺褶。

28

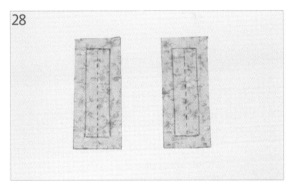

將要縫在袖口的袖口裁片剪裁成 4×10.5cm（橫布紋方向／直布紋方向），並且在四周加上 1cm 的縫份。

29

將袖口對半摺，對齊兩側的完成線縫合，並縫到縫份線為止，然後用分開法整理縫份。

30

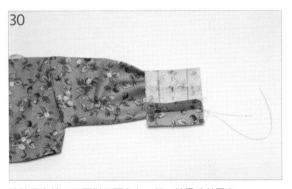

將袖子和袖口正面對正面套在一起，並用珠針固定。

縫合完成線。

袖子背面

將上衣翻面，並將袖口往外抽出來且背面朝外。

袖子背面

將剩下的縫份往內摺兩次，用藏針縫將袖口背面固定在袖子上。

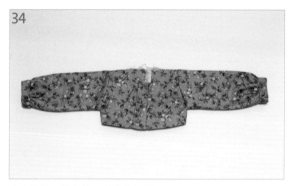

上衣的袖口縫上袖口裁片的樣子。

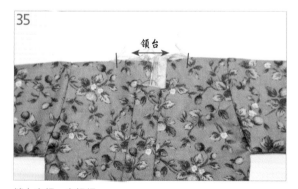

領台

縫上衣領__木板領

縫上衣領之前，請放上紙型並標示出領台的位置，然後用剪刀剪開領台的位置。

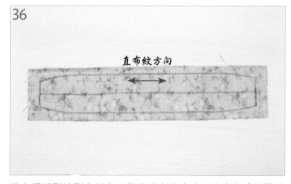

直布紋方向

將衣領紙型放到布料上，對齊直布紋方向，畫出完成線及外加 0.5cm 的縫份線。

※ 利用對摺線畫出相連的裡布和表布。

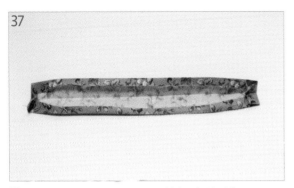

沿著衣領的完成線將縫份往內摺，做出衣領的形狀。

將做好的衣領放到上衣上面，用珠針固定衣領的位置。
※ 衣領尖端大約和袖襱末端平行。

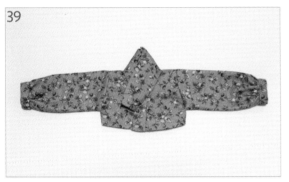

將固定好的衣領①從有縫份的背面縫合完成線，或者②從外面用藏針縫縫合。

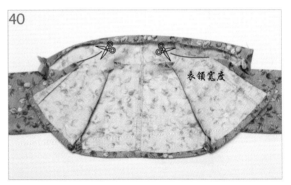

將內側的衣身修剪成和衣領寬度同寬的縫份。
※ 將衣身的縫份剪到 1.5cm 以內，縫上衣領的時候，衣領的形狀才會摺得很漂亮。

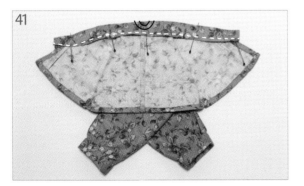

沿著衣領的對摺線摺疊，用珠針固定衣領內側，並以藏針縫將衣領固定在衣身上。

收尾
利用寬度狹窄的蕾絲裝飾衣領。

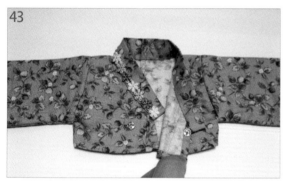

在衣身背面縫上暗釦來代替衣帶。

非常適合小紅帽的蓬蓬袖上衣就完成了。

棉質裙

布料　　　　表布：棉布 30×90cm（直布紋方向／橫布紋方向）
　　　　　　使用跟蓬蓬袖上衣一樣的布料，製作成棉質短裙。

01

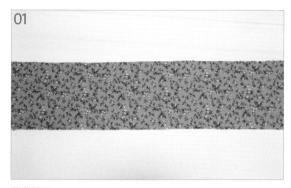

剪裁裙子

裙子不使用紙型,而是直接在布料上標示裙子大小並進行剪裁。請將裙子表布剪成 14×75cm(直布紋方向／橫布紋方向)。

02

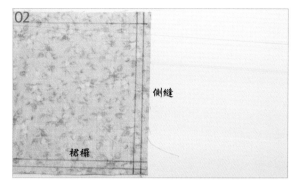

請在背面四周標示出 1cm 的縫份(裙襬及兩側側縫各標示兩次 0.5cm,總寬為 1cm)。

03

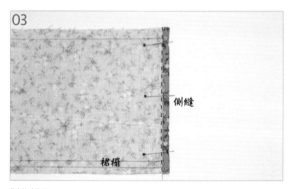

製作裙子

將裙子兩側側縫的縫份往內摺兩次,每次摺 0.5cm,然後用藏針縫縫合。

04

裙襬的縫份也往內摺兩次,每次摺 0.5cm,然後用藏針縫縫合。

05

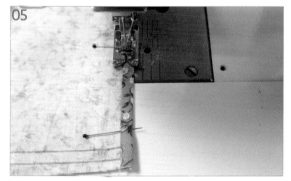

因為是單層的裙子了,所以也可以使用跟布料顏色相同的線,用縫紉機壓著車縫。

06

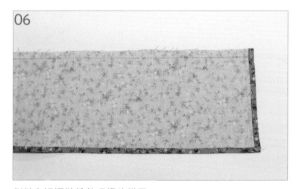

側縫和裙襬縫份整理好的樣子。

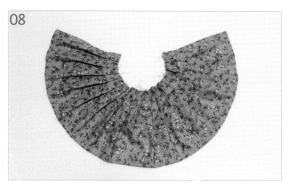

用粉片或粉筆在表布上標示出想要的裙子褶襉寬度。
※ 外褶襉 1.5cm，內褶襉 1cm。

從裙子正面摺好褶襉並用珠針固定。

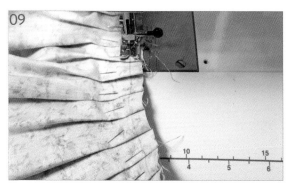

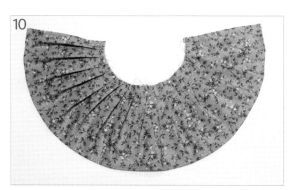

沿著畫好的 1cm 縫份線縫合褶襉，或用縫紉機壓著車縫。

縫好之後，用低溫稍微熨燙一下，褶襉的形狀會變得更漂亮。

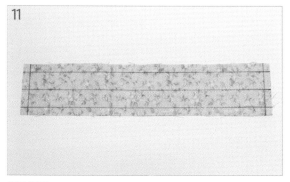

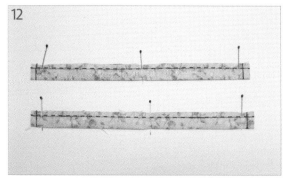

製作裙頭

剪裁出大小為 6×29cm（橫布紋方向／直布紋方向）的裙頭布料，標示出中心線及 1cm 的縫份。

TIP 因為做出褶襉的裙子腰圍是 27cm，兩側各留 1cm 的縫份，所以剪裁的長度是 29cm，並配合直布紋方向進行剪裁。裙子做好之後，再配合裙子的腰圍長度剪裁裙頭布料。

剪裁出兩條大小為 3×21cm（橫布紋方向／直布紋方向）的裙頭綁帶，將裙頭綁帶對半摺，標示出 0.5cm 的縫份並縫合。

TIP 帶的製作方法請參考第 183 頁。

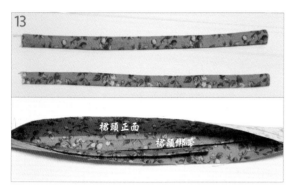

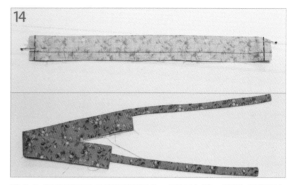

裙頭綁帶翻面之後的樣子。將裙頭布料正面對正面對半摺，並且放入裙頭綁帶。

將放入裙頭綁帶的兩側側縫縫合。翻面之後，就變成裙頭上縫著綁帶的狀態了。

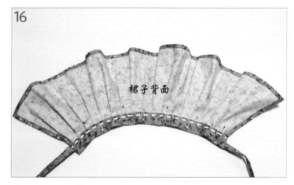

連結裙子和裙頭
將製作好的裙頭放在做出褶襉的裙子表布上，從裙頭的背面縫牢固。

將其餘的裙頭縫份往裙子裡布那邊摺，並用藏針縫收尾。

從正面看的樣子。

和蓬蓬袖上衣一組的棉質短裙就完成了。

防寒帽

原尺寸紙型 P206

布料   表布：洋緞 20×45cm（直布紋方向／橫布紋方向）

裡布：紗布 20×45cm（直布紋方向／橫布紋方向）

斜布條：棉布 25×25cm（直布紋方向／橫布紋方向）

裝飾   珍珠、流蘇、刺繡等

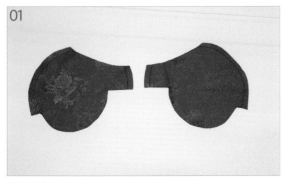

剪裁防寒帽
將防寒帽的紙型放到表布上，畫出完成線，額頭中心線和頭圍要外加 1cm 的縫份，總共剪裁兩張。

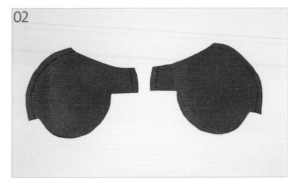

裡布也是額頭中心線和頭圍要外加 1cm 的縫份，總共剪裁兩張。

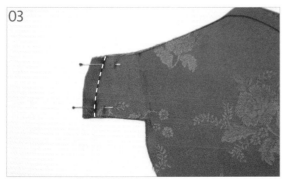

製作防寒帽
將兩張表布正面對正面貼合，固定好額頭中心線，然後縫合。

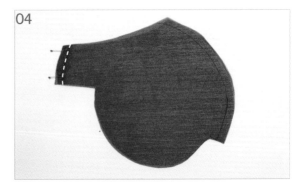

將兩張裡布正面對正面貼合，固定好額頭中心線，然後縫合。

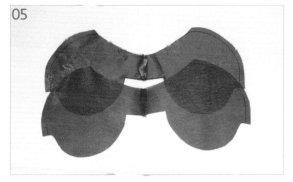

用分開法整理表布和裡布的縫份。

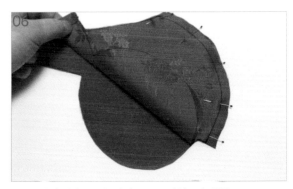

將兩張表布放在兩張裡布上面，用珠針固定頭圍。

07

密實地縫合頭圍。

08

將表布的正面翻出來，稍微熨燙一下。

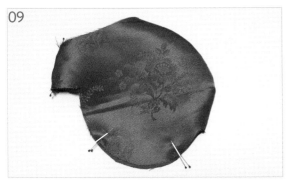

09

為了讓防寒帽在使用的時候，可以配合臉部曲線收縮，請用珠針標示帽耳弧線要收縮的地方。

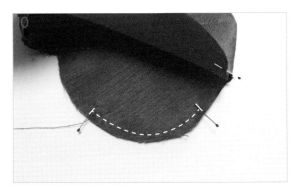

10

表布一張和裡布一張，將兩張的帽耳弧線一起縫合。

拉緊縫線，讓帽耳弧線往裡布這邊收縮。

12

從外面看的樣子。

13

另一邊也縫合帽耳弧線，並拉緊縫線，使帽耳弧線收縮。

14

斜布條滾邊

將棉布以斜布紋方向剪裁成寬 3cm 的長條，然後對半摺，使寬變成 1.5cm。

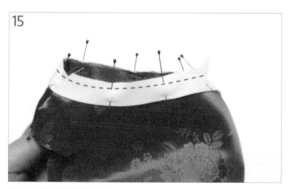

15

將斜布條放到需要滾邊的防寒帽頭頂外表面上，於往內 1/3（0.5cm）處進行縫合。

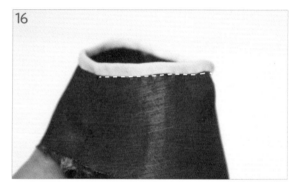

16

將其餘的斜布條往裡布那邊翻摺，然後用藏針縫縫合。
※ 沿著步驟 14 中對摺時產生的對摺線進行藏針縫。

17

側面邊緣也用跟頭頂一樣的方法，放上斜布條，於往內 1/3（0.5cm）處進行縫合。

18

將其餘的斜布條往裡布那邊翻摺，然後用藏針縫縫合。
※ 沿著步驟 14 中對摺時產生的對摺線進行藏針縫。

裝飾防寒帽
用線將珍珠串起來，縫到額頭中心線和頭圍中心線的頂端。

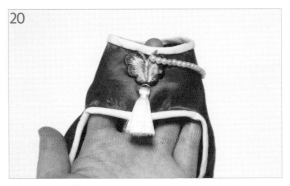

用流蘇和刺繡裝飾額頭中心線。

小紅帽的防寒帽就完成了。

被野獸抓走的貝兒

韓服洋裝＋一片裙

貧窮但具有美麗的外貌，

善良的貝兒代替父親

被受到詛咒的野獸抓走。

黃色的韓服洋裝，

搭配輕柔飄逸的一片裙，

是一套既樸素又充滿魅力的日常韓服。

韓服洋裝

原尺寸紙型 P207、208

布料　　表布：有圖案的棉布，44 吋大寬幅布料 1/2 碼

　　　　TIP 棉布通常都是 44 吋的大寬幅布料。由於剪裁盤釦及整理
腰部縫份的時候，是以斜布紋方向來進行剪裁，需要充足的布
料，因此請準備 1/2 碼（直布紋方向約 45cm 左右）的 44 吋大
寬幅布料。

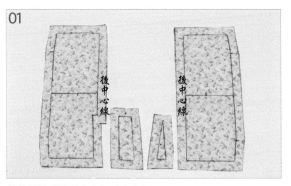

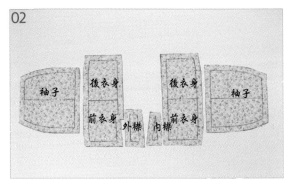

剪裁韓服洋裝的上半部（上衣）
放上紙型，畫出完成線及外加 1cm 的縫份線，然後進行剪裁。
後中心線（後背的中心縫線）的縫份也請外加 1cm。

畫出衣身（上衣）左右兩張、袖子左右兩張、外襟和內襟各
一張，然後總共裁出六張布。

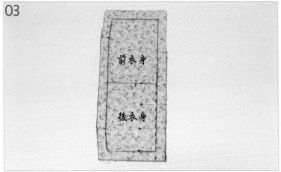

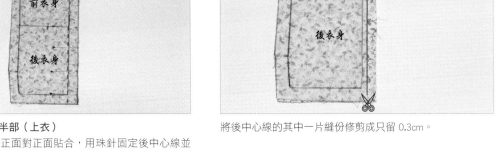

製作韓服洋裝的上半部（上衣）
將剪好的左右衣身正面對正面貼合，用珠針固定後中心線並
縫合。

將後中心線的其中一片縫份修剪成只留 0.3cm。

TIP 因為是不加裡布、只用棉布製作的單層韓服洋裝，所以
請用「包縫法」整理縫份。

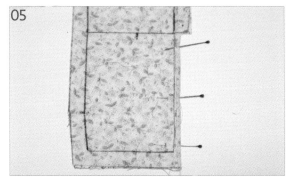

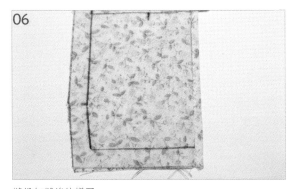

用另一片沒有修剪的縫份將修剪好的縫份包覆起來縫合，或
用縫紉機壓著車縫。

縫份包縫後的樣子。

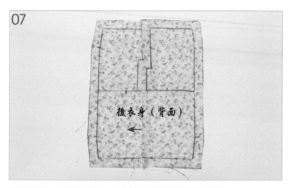

07

翻開衣身，從背面看，包縫後的縫份是朝左邊摺。

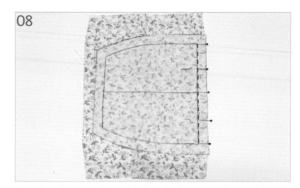

08

將衣身的中心線和袖子的中心線對齊，正面對正面貼合，並縫合袖襱線，只要縫合完成線就好。

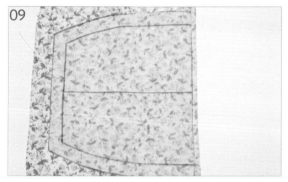

09

袖子的縫份也跟衣身一樣，將其中一片縫份剪短，並用另一片縫份包覆起來，藉由包縫法整理縫份。

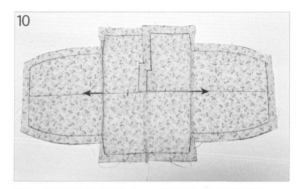

10

將另一邊袖子也連結到衣身上，並將縫份朝袖子那邊摺。

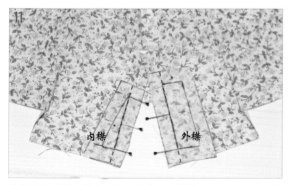

11

將前衣身（前面的上衣）和衣襟正面對正面貼合，外襟放在前衣身的右邊，內襟放在前衣身的左邊，然後進行縫合。

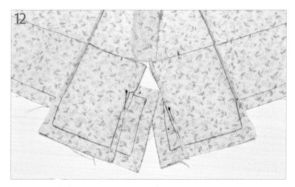

12

將衣襟的其中一片縫份剪短，並用另一片縫份包覆起來，藉由包縫法整理縫份。

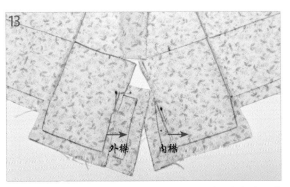

請將包縫好的外襟縫份朝外襟那邊摺，內襟縫份朝衣身那邊摺，然後進行熨燙。

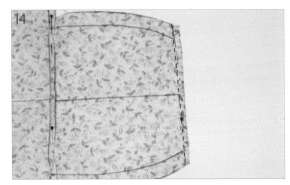

將袖口（袖子邊緣）的縫份往內摺兩次，每次摺 0.5cm，然後從背面用藏針縫縫合。

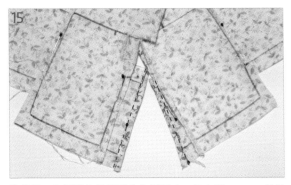

將外襟、內襟邊緣的縫份往內摺兩次，每次摺 0.5cm，然後從背面用藏針縫縫合。

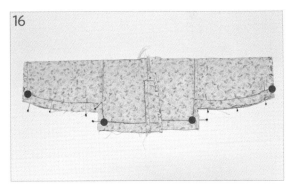

以肩膀中心線為基準，將衣身和袖子對摺，用珠針固定袖子下緣及側縫。

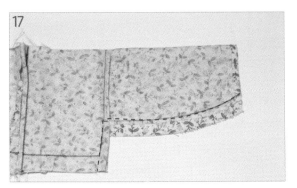

縫合袖子下緣及側縫之後，將其中一片縫份修剪成只留0.3cm。

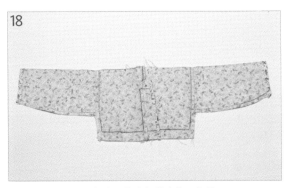

用另一片縫份包覆起來，藉由包縫法整理縫份。

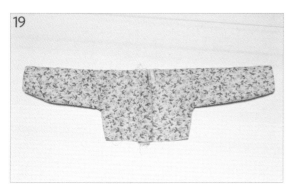

翻到正面，用低溫稍微熨燙一下。

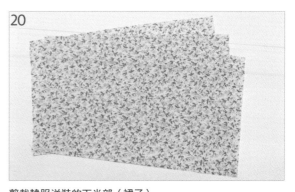

剪裁韓服洋裝的下半部（裙子）
為了製作縫在洋裝上的下半部，請將布料剪裁成三張
17×25cm（直布紋方向／橫布紋方向）。

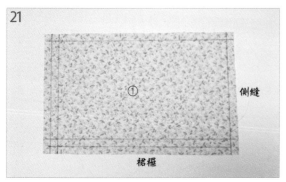

在①號裙子布料的裙襬及左側側縫留 2cm 的縫份，且以 1cm
為間距，畫成兩等分，右側側縫只要留 1cm 的縫份就好。

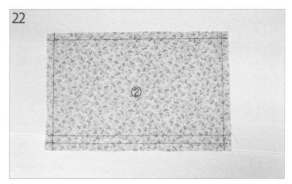

在②號裙子布料的裙襬留 2cm 的縫份，且以 1cm 為間距，畫
成兩等分，兩側側縫都只要留 1cm 的縫份就好。

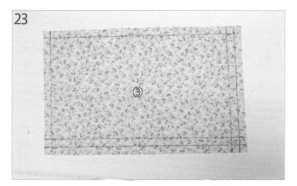

在③號裙子布料的裙襬及右側側縫留 2cm 的縫份，且以 1cm
為間距，畫成兩等分，左側側縫只要留 1cm 的縫份就好。

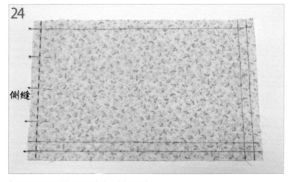

製作韓服洋裝的下半部（裙子）
將韓服洋裝的裙子表布正面對正面貼合，固定好側縫之後進
行縫合。
※ 將縫份只有 1cm 的側縫連結起來

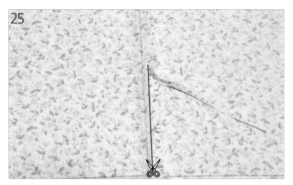

將其中一片縫份修剪成只留 0.3cm。

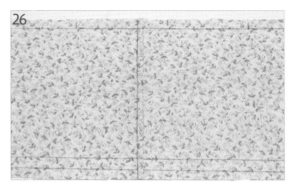

用另一片縫份包覆起來，藉由包縫法整理縫份。

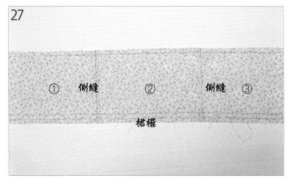

用包縫法整理縫份，將三張表布的側縫連結起來。
※ 從背面看，①號裙子布料位於左邊，②號裙子布料位於中間，③號裙子布料位於右邊。

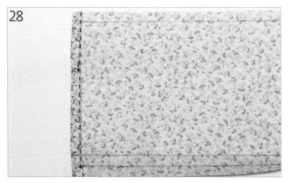

將裙子兩側的側縫縫份往內摺兩次，每次摺 1cm，然後用藏針縫縫合。

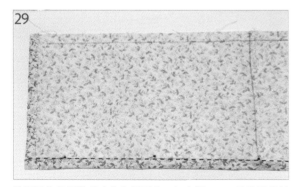

將裙子的裙襬縫份也往內摺兩次，每次摺 1cm，然後用藏針縫縫合，或用縫紉機壓著車縫。

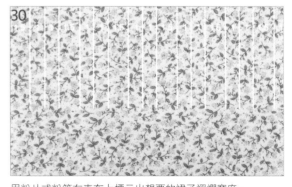

用粉片或粉筆在表布上標示出想要的裙子褶襉寬度。
※ 但是，製作褶襉的時候，裙子腰圍必須在 26cm 以內，才會符合上衣腰圍，使兩者可以連結起來。外褶襉 1.5cm，內褶襉 1cm。

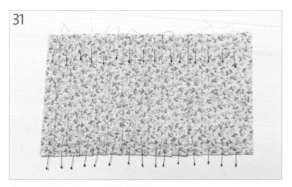

從裙子正面摺好褶襇並用珠針固定。
※ 韓服洋裝的裙子褶襇要摺到裙襬，並用珠針固定。

留下 1cm 的縫份之後，沿著固定好的褶襇縫合，或用縫紉機壓著車縫。

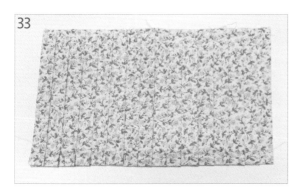

縫好之後，調整褶襇的形狀，並用低溫進行熨燙。

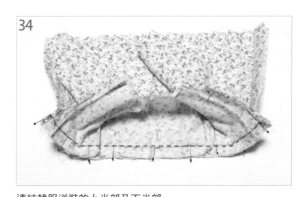

連結韓服洋裝的上半部及下半部
將製作好的上衣放在做出褶襇的裙子表布上，正面對正面貼合，並從裙頭的背面縫牢固。

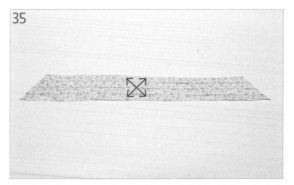

為了整理上衣和裙子連結之後產生的縫份，請剪裁大小為 4×28cm（斜布紋方向）的斜布條，並標示出 1cm 的縫份。

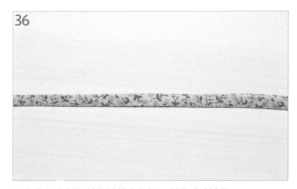

沿著中心線對摺並將縫份往內摺，製作成滾邊條。

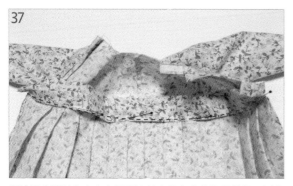

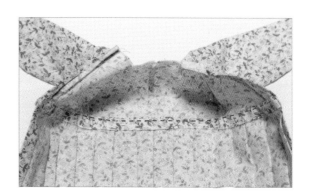

用滾邊條覆蓋住上衣和裙子連結之後產生的腰間縫份,以藏針縫縫合,或用縫紉機壓著車縫。

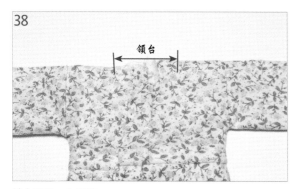

縫上衣領__木板領

縫上衣領之前,請在韓服洋裝上半部(上衣)標示出領台的位置,然後用剪刀剪開領台的位置。

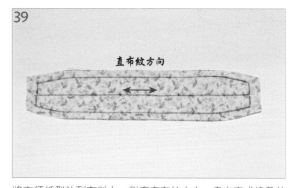

將衣領紙型放到布料上,對齊直布紋方向,畫出完成線及外加 0.5cm 的縫份線。

※ 利用對摺線畫出相連的裡布和表布。

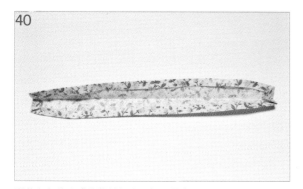

沿著衣領的完成線將縫份往內摺,做出衣領的形狀。

將做好的衣領放到上衣上面,用珠針固定衣領的位置。

※ 衣領尖端大約和袖襱末端平行。

42

將固定好的衣領①從有縫份的背面縫合完成線，或者②從外面用藏針縫縫合。

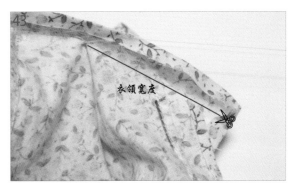

43

衣領寬度

將衣身修剪成和衣領寬度同寬的縫份。

※ 將衣身的縫份剪到 1.5cm 以內，縫上衣領的時候，衣領的形狀才會摺得很漂亮。

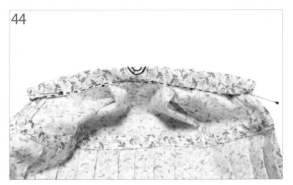

44

沿著衣領的對摺線摺疊，用珠針固定衣領內側，並以藏針縫縫合。

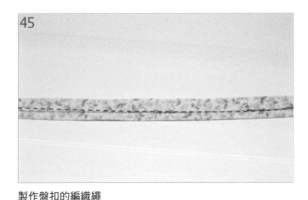

45

製作盤扣的編織繩

韓服洋裝是用盤扣來代替衣帶作為門襟。為了製作盤扣的編織繩，請以斜布紋方向剪裁 3 ～ 4×25cm（寬／長）的布條，對半摺並在對摺線往內 0.5cm 處畫上完成線，然後縫合。

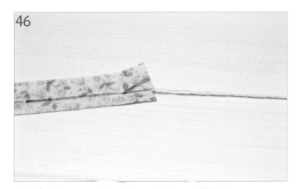

46

畫完成線的時候，請將其中一端畫成漏斗的形狀。

47

將四股左右的線穿到漏斗上。

把針穿入通道,並從一端穿出來,使編織繩翻面。

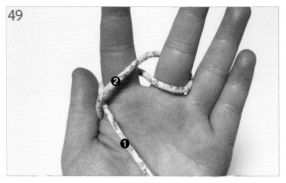

製作盤扣鈕頭
將編織繩以 8 字形環繞在食指及中指之間,並用大拇指抓住環繞中指的編織繩末端。

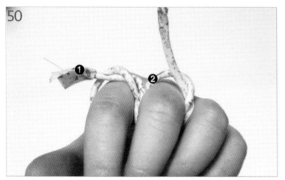

將 ❶ 移往食指的方向,好像要把食指綁起來那樣,由下往上穿;將 ❷ 移往中指的方向,好像要把中指綁起來那樣,由下往上穿。

輕輕地將編織繩從手指上取下,形成∞的形狀。

輕輕壓住兩邊,將編織繩弄鬆一點,就會看到經過中間的中心繩。

將中心繩往上拉,形成一個拱門。

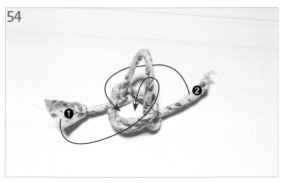

54

以拱門為基準，將 ❶ 從前面繞到後面，再穿入拱門下方的圓圈，將 ❷ 從後面繞到前面，再穿入拱門下方的圓圈。

55

輕輕地拉動穿過圓圈的 ❶ 和 ❷，就會變成和照片中一樣的形狀。

56

為了消除拱門，必須將與它連動的繩往下拉動，然後球狀的鈕頭就完成了。

57

用線捆綁末端，並且修剪末端，然後用剩下的編織繩製作環圈，其大小要可讓鈕頭穿過。

58

將盤扣縫到韓服洋裝上＿盤扣
將盤扣環圈縫在衣領正下方的背面。

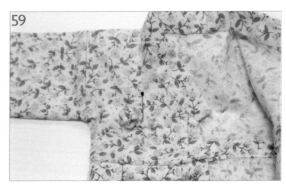

59

將韓服洋裝放在平坦的地方，配合環圈決定盤扣鈕頭的位置。
※ 盤扣鈕頭要像照片一樣，朝外縫到衣身上。

扣上盤扣之後，就不會看到鈕頭的末端，看起來整齊俐落。

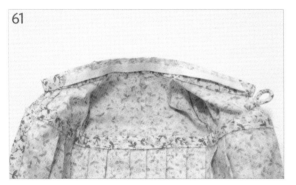

在衣領上縫上寬 0.5cm 的領邊。

TIP 縫領邊的方法請參考第 181 頁。

圖案可愛的韓服洋裝就完成了。

一片裙

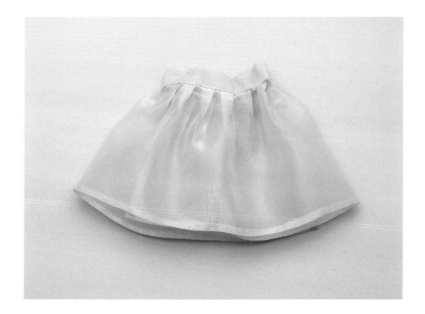

布料	表布：老紡 30×85cm（直布紋方向／橫布紋方向）

 請利用又薄又透的老紡製作穿在韓服洋裝外面的單層一片裙。

01

剪裁一片裙
一片裙不使用紙型，而是直接在布料上標示裙子大小並進行剪裁。請將裙子表布剪成 14×75cm（直布紋方向／橫布紋方向）。

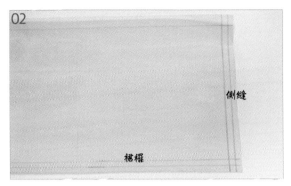

02

請在四周標示出 1cm 的縫份。一片裙的裙襬及兩側側縫各標示兩次 0.5cm，總寬為 1cm。

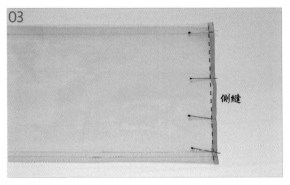

03

製作一片裙
將一片裙兩側側縫的縫份往內摺兩次，每次摺 0.5cm，然後用藏針縫縫合。

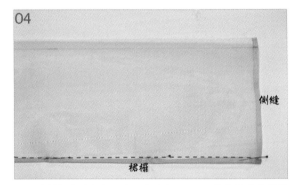

04

裙襬的縫份也往內摺兩次，每次摺 0.5cm，然後用藏針縫縫合。

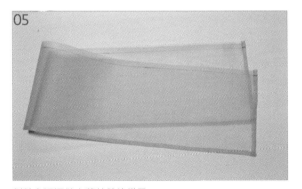

05

側縫和裙襬縫完藏針縫的樣子。

06

用粉片或粉筆在正面標示出想要的裙子褶襉寬度。
※ 由於 Baby Doll 娃娃的肚子是凸出來的，因此製作褶襉的時候，一片裙的腰圍落在 27 ～ 28cm，會比較合適。外褶襉 1.5cm，內褶襉 1cm。

從裙子正面摺好褶襉並用珠針固定。

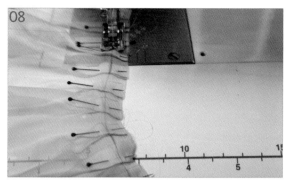

沿著畫好的 1cm 縫份線縫合褶襉，或用縫紉機壓著車縫。

縫好之後，用低溫稍微熨燙一下，褶襉的形狀會變得更漂亮。

製作一片裙的裙頭

剪裁兩張 6×30cm（橫布紋／直布紋方向）的裙頭布料。

TIP 因為做出褶襉的裙子腰圍是 28cm，兩側各留 1cm 的縫份，所以剪裁的長度是 30cm，並配合直布紋方向進行剪裁。裙子做好之後，再配合裙子的腰圍長度剪裁裙頭布料。

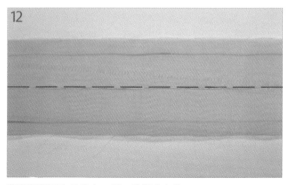

在裙頭布料上標示出中心線及上下各 1cm 的縫份。

將兩張裙頭布料疊在一起，疏縫中心線。

※ 因為老紡布料又透又薄，所以剪裁兩張，將其中一張用來當作布襯。

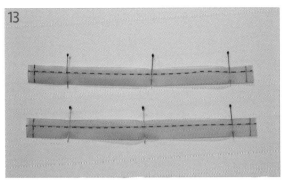

13

剪裁出兩條大小為 3×21cm（橫布紋方向／直布紋方向）的裙頭綁帶，將裙頭綁帶對半摺，標示出 0.5cm 的縫份並縫合。

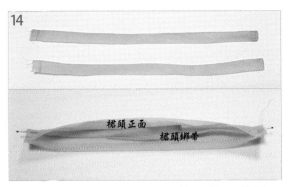

14

裙頭正面
裙頭綁帶

裙頭綁帶翻面之後的樣子。將裙頭布料正面對正面對半摺，並且放入裙頭綁帶。

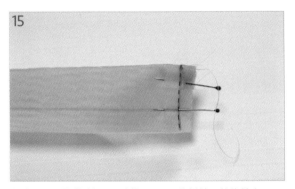

15

在放入裙頭綁帶的裙頭兩側標示 1cm 的側縫，然後縫合。

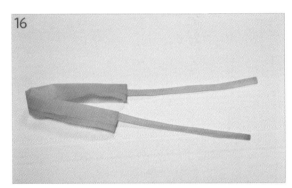

16

翻面之後，就變成裙頭上縫著綁帶的狀態了。

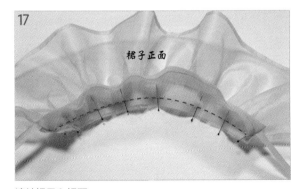

17

裙子正面

連結裙子和裙頭
將製作好的裙頭放在做出褶襉的裙子正面，從裙頭的背面縫牢固。

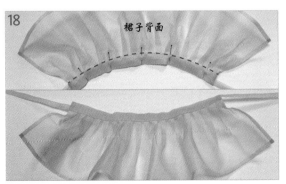

18

裙子背面

將其餘的裙頭縫份往一片裙的背面那邊摺，並用藏針縫收尾。
適合和韓服洋裝一起穿的一片裙就完成了。

走進森林的白雪公主

蓬蓬袖洋裝＋蝴蝶結髮帶

因為受到繼母皇后厭惡而被趕到森林裡的白雪公主，

如果穿上韓服的話，會怎麼樣呢？

具有適合雪白肌膚的顏色

和蓬蓬袖的韓服洋裝，

加上紅色蝴蝶結之後，成為可愛度大增的日常韓服。

蓬蓬袖洋裝

原尺寸紙型 P209、210

布料	表布：棉布，44 吋大寬幅布料 1/2 碼（直布紋方向／橫布紋方向） 蓬蓬袖袖口：棉布 12×12cm（直布紋方向／橫布紋方向）
副材料	用來當作衣帶的貢緞緞帶、裝飾用蕾絲、暗鈕

> **TIP** 由於連接上半部和下半部時，是以斜布紋方向剪裁布料，
> 而且需要整理縫份，因此表布請準備 1/2 碼（直布紋方向約
> 45cm 左右）的 44 吋大寬幅布料。

156

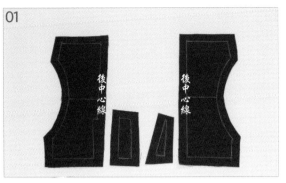

剪裁洋裝的上半部
放上洋裝上半部的紙型，畫出完成線及外加 1cm 的縫份線。
後中心線（後背的中心縫線）的縫份也請外加 1cm。

畫出衣身（上衣）左右兩張、袖子左右兩張、外襟和內襟各
一張，然後總共裁出六張布。

製作洋裝的上半部
將剪好的左右衣身正面對正面貼合，用珠針固定後中心線。

TIP 因為蓬蓬袖洋裝是只用棉布製作的單層日常韓服，所以
請用「包縫法」整理縫份。

縫合固定好的後中心線。

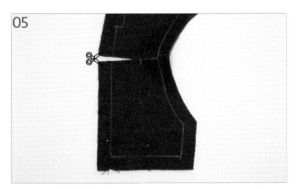

剪一刀牙口，剪到領台的端點。

將後中心線的其中一片縫份修剪成只留 0.3cm。

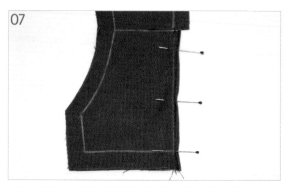

07

用另一片沒有修剪的縫份將修剪好的縫份包覆起來縫合。

TIP 用縫紉機車縫可以縫得更整齊、更牢固。

08

縫份包縫後的樣子。

09 後衣身（背面）

翻開衣身，從正面看，縫份是朝右邊摺。
※ 從背面看，縫份是朝左邊摺。

10 前衣身（正面）　內襟　外襟

將前衣身（前面的上衣）和衣襟正面對正面貼合，外襟放在
前衣身的右邊，內襟放在前衣身的左邊，然後進行縫合。

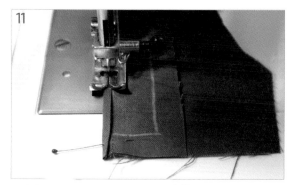

11

跟後中心線一樣，將衣襟的其中一片縫份剪短，並用另一片
縫份包覆起來，藉由包縫法整理縫份。

12 外襟　內襟

請將外襟的縫份朝外襟那邊摺，內襟的縫份朝衣身那邊摺，
用低溫稍微熨燙一下。

13

由於袖子的袖襱線和衣身的袖襱線是同一個方向的曲線，因此會很難縫合，所以請用純絲線疏縫袖子的袖襱線。

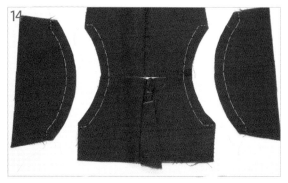

14

兩邊袖子的袖襱線和衣身的袖襱線都要疏縫。

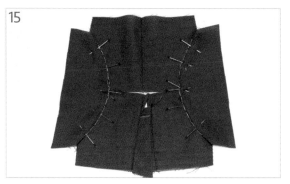

15

將袖子的袖襱線縫份摺好，對齊衣身的袖襱線及中心線，並用珠針固定。

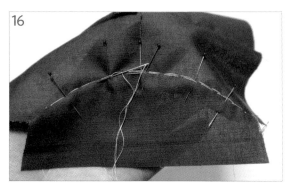

16

為了方便從背面縫合，請將用珠針固定的衣身和袖子一起疏縫。

17

用疏縫縫上袖子的樣子。

18

從縫份內側縫牢固，將袖子連結到衣身上。

將其中一片縫份修剪成只留 0.3cm，並用另一片縫份包覆起來，藉由包縫法整理縫份。

將外襟和內襟邊緣的縫份，往內摺兩次，每次摺 0.5cm，然後用藏針縫縫合。

以肩膀中心線為基準，將衣身和袖子對摺，用珠針固定袖子下緣及側縫。

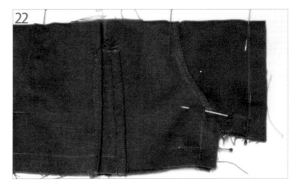

縫合袖子下緣及側縫。

將袖子下緣及側縫的其中一片縫份修剪成只留 0.3cm，並用另一片縫份包覆起來，藉由包縫法整理縫份。

翻面之後，用低溫稍微熨燙一下。

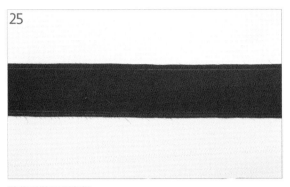

剪裁洋裝的下半部
為了製作縫到洋裝上半部的下半部，請將布料剪裁成
11×65cm（直布紋方向／橫布紋方向）。
※ 如果布料不夠長，請準備連結布料。

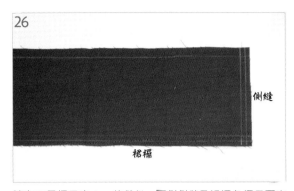

請在四周標示出 1cm 的縫份。兩側側縫及裙襬各標示兩次
0.5cm，總寬為 1cm。

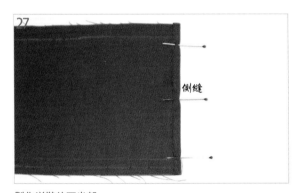

製作洋裝的下半部
將裙子的側縫縫份往內摺兩次，然後用藏針縫縫合。

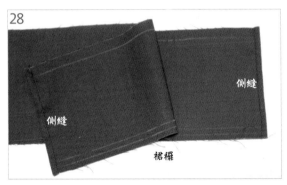

將另一邊的側縫縫份也往內摺兩次，然後用藏針縫縫合。

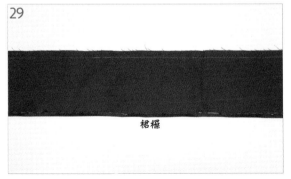

將裙襬的縫份往內摺兩次，然後用藏針縫縫合，或用縫紉機
壓著車縫。

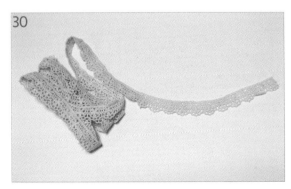

準備要用來裝飾裙襬的蕾絲。

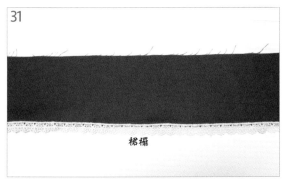

將蕾絲固定在裙襬邊緣並縫合。

TIP 如果是用縫紉機的話，請更換線的顏色，將上線換成蕾絲的顏色，下線換成裙子的顏色，這樣縫製出來會比較整齊好看。

為了在裙子上加入皺褶，請用純絲線或包芯紗等堅固的線，在要和上衣連結的腰圍完成線上方約 0.2cm 的位置進行平針縫。

縫好的線不要打結，並且留下長長的一段再剪斷，接著拉緊縫線，在裙子上製造平縫皺褶（拉緊縫線製造出來的皺褶）。

製造出來的皺褶要和步驟 24 中製作的洋裝上衣腰圍相符。
※ 上衣腰圍是 26cm，裙子皺褶就要有 26cm。

連結洋裝的上半部及下半部
將製作好的洋裝上半部放在做出皺褶的裙子表布上，正面對正面貼合，然後沿著完成線縫合。

為了整理上衣和裙子連結之後產生的縫份，請剪裁大小為 3 x 28cm（斜布紋方向）的斜布條，並標示出 1cm 的縫份。
※ 根據製作出來的洋裝上衣腰圍，斜布條的長度也會有所不同。

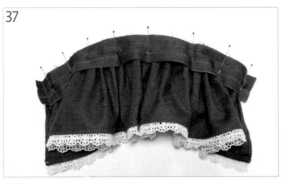

37

將斜布條放在洋裝腰圍的縫份上，沿著完成線縫合。

38

將剩下的縫份往內摺，用藏針縫整理腰圍縫份。

39

製作洋裝蓬蓬袖
為了在洋裝的袖子上製造平縫皺褶，請進行平針縫。

40

請拉緊縫線，在袖子上製造出平縫皺褶。

41

將要縫在袖子上的袖口剪裁成 3×10.5cm（橫布紋方向／直布紋方向），並且在四周加上 0.5cm 的縫份。

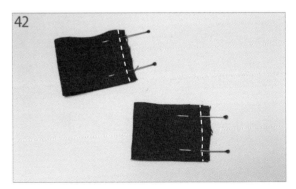

42

將袖口對半摺並縫合。

43

縫合之後袖口就會像照片中這樣，形成中空筒狀。用分開法整理縫份。

44

將袖子和袖口正面對正面套在一起，並用珠針固定。

45

縫合完成線。

46

將上衣翻面，並將袖口往外抽出來且背面朝外。

47

將剩下的縫份往內摺兩次，用藏針縫將袖口背面固定在袖子上。

48

洋裝的上半部和下半部連結在一起，並且縫上袖口的樣子。

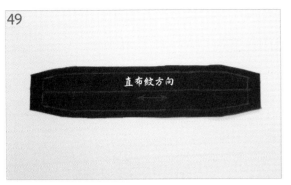

縫上衣領＿木板領

將衣領紙型放到布料上，對齊直布紋方向，畫出完成線及外加 0.5cm 的縫份線。

※ 利用對摺線畫出相連的裡布和表布。

沿著衣領的完成線將縫份往內摺，做出衣領的形狀。

將做好的衣領放到洋裝上衣上面，用珠針固定衣領的位置。

※ 衣領尖端大約和袖襱末端平行。

將固定好的衣領①從有縫份的背面縫合完成線，或者②從外面用藏針縫縫合。

將衣身修剪成和衣領寬度同寬的縫份。

※ 將衣身的縫份剪到 1.5cm 以內，縫上衣領的時候，衣領的形狀才會摺得很漂亮。

沿著衣領的對摺線摺疊，用珠針固定衣領內側，並以藏針縫縫合。

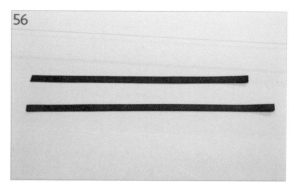

收尾

利用寬度狹窄的蕾絲裝飾衣領，替衣領增添一些變化。

將薄的貢緞緞帶剪成 17cm 和 15cm 長，作為衣帶備用。

請將長衣帶縫在右邊（縫有外襟的那一邊）的衣領正下方，短衣帶則縫在左邊（縫有內襟的那一邊），與長衣帶相距衣領寬（1.5cm）的位置。

在腰圍下方裙子重疊的地方縫上暗鈕。

小巧可愛的蓬蓬袖洋裝就完成了。

蝴蝶結髮帶

材料   寬 1cm 的貢緞緞帶 1 碼、寬 1.5cm 的貢緞緞帶 1/2 碼、
黏扣帶（魔鬼氈）、熱熔膠或透明膠水

製作蝴蝶結
將寬 1.5cm 的貢緞緞帶剪成 9cm 長。

將兩端疊在一起縫合，形成中空筒狀。
※ 縫好之後線打結，但是不要把線剪斷。

壓摺緞帶中間縫合的地方，用步驟 2 中留著的線將緞帶中間
緊緊纏繞住，固定好之後線打結。

用寬 1cm 的貢緞緞帶將用線固定好的緞帶中間覆蓋住，然後
用熱溶膠或透明膠水黏好。

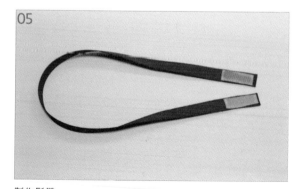

製作髮帶
配合 Baby Doll 的頭圍將寬 1cm 的貢緞緞帶剪成約 37cm 長。
兩端用熱熔膠或透明膠水黏上黏扣帶（魔鬼氈）。

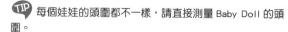

TIP 每個娃娃的頭圍都不一樣，請直接測量 Baby Doll 的頭
圍。

連結蝴蝶結及髮帶
用熱熔膠或透明膠水將做好的蝴蝶結和髮帶黏在一起。白雪
公主的紅色蝴蝶結髮帶就完成了。

Baby Doll 韓服內衣

❋

內衣

內襯裙＋內襯褲＋布襪

Baby Doll 娃娃也跟人類一樣，
必須要穿上內衣，
才能展現出美麗的韓服風采。
請試著製作 Baby Doll 尺寸的
布襪、內襯褲、內襯裙吧。

內襯裙

原尺寸紙型 P211

布料 表布：棉布或明紬 35×50cm（直布紋方向／橫布紋方向）
副材料 暗釦

01

製作內襯裙背心
先放上背心及下襬貼邊紙型，對齊直布紋方向，畫出完成線
及外加 1cm 的縫份線。

02

將剪好的下襬貼邊正面貼合在背心正面的下襬位置，用珠針
固定。
※ 正面對正面貼合。

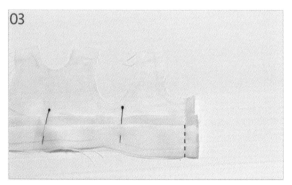

03

縫合下襬貼邊的兩側側縫。

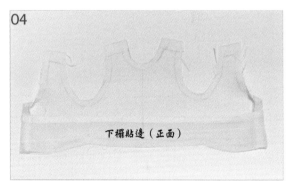

04

下襬貼邊（正面）

將下襬貼邊的正面翻出來。

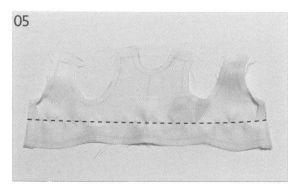

05

將下襬貼邊上方的縫份往內摺，並在邊緣往下 0.1cm 的位置
縫合下襬貼邊。

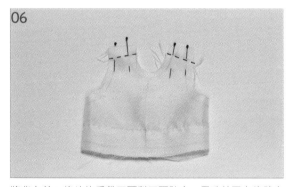

06

將背心前、後片的肩帶正面對正面貼合，用珠針固定後縫合
肩線。

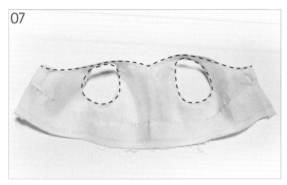

07

分別將前頸圍、後頸圍、袖襱的縫份往內摺 0.5cm，用藏針縫或平針縫縫合。

08

背心縫份整理好的樣子。

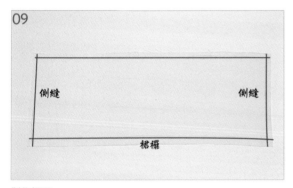

09

側縫　　　　　　　側縫

裙襬

製作裙子

將要縫在背心下面的裙子剪裁成 19×50cm，要和背心連結的上邊及兩側側縫，請畫出 1cm 的縫份，裙襬請畫出 2cm 的縫份，然後進行剪裁。

10

側縫

裙襬

為了連結裙子的兩側側縫，使裙子形成中空筒狀，請用珠針固定側縫。

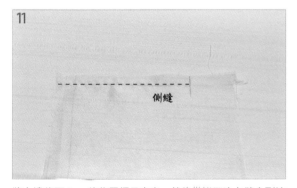

11

側縫

將上邊往下 5cm 的位置標示出來，然後從裙襬往上縫合到這個位置。

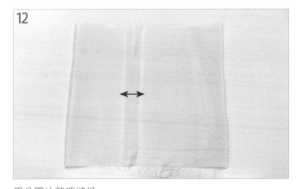

12

用分開法整理縫份。

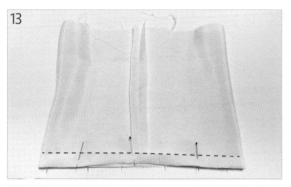

13

將裙襬縫份往內摺兩次,每次摺 1cm,然後用藏針縫或平針縫縫合。

14

請配合步驟 8 中做好的背心的腰圍,製作裙子的褶襇。製作褶襇的時候,裙子腰圍必須要有 23.5cm 左右,裙子縫到背心上才會好看。外褶襇 1.5cm,內褶襇 0.5cm。

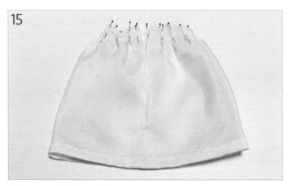

15

從裙子正面摺好褶襇並用珠針固定。

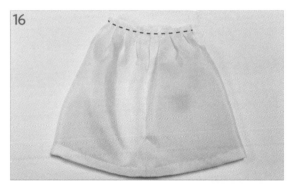

16

沿著固定在標示的完成線上的褶襇縫牢固。

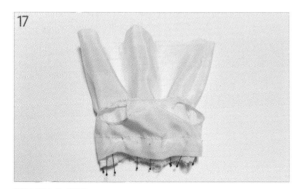

17

連結背心和裙子
將製作好的背心正面放在做出褶襇的裙子正面上,用珠針固定。

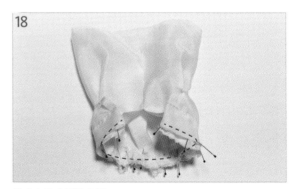

18

從背心的背面縫牢固。

19

從背面將下襬貼邊的縫份摺好，用珠針固定在裙子背面後，以藏針縫縫合。

20

將暗釦縫到背心前中心。

21

縫有暗釦的內襯裙就完成了。

內襯褲

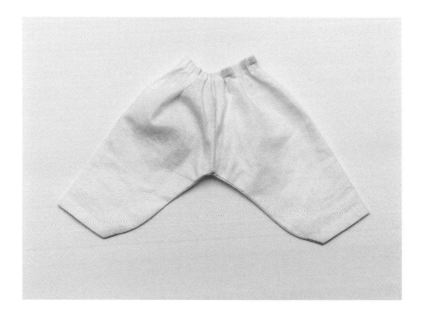

原尺寸紙型附錄 P2（收錄在附紙上）

布料　　　表布：棉布 50×30cm（直布紋方向／橫布紋方向）
副材料　　寬 0.5cm 的鬆緊帶

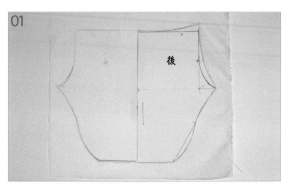

剪裁內襯褲
放上內襯褲紙型,利用對摺線畫出前、後片相連的褲子。

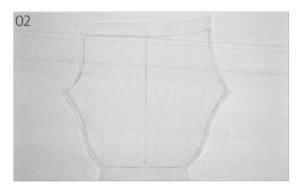

褲口和褲頭的縫份請留 2cm,褲子下襠的縫份請留 0.5cm。

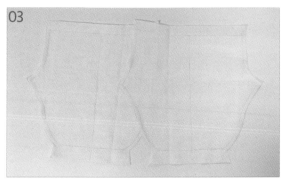

為了要有褲子的左、右半部,請將紙型翻面畫,並剪裁出兩張。

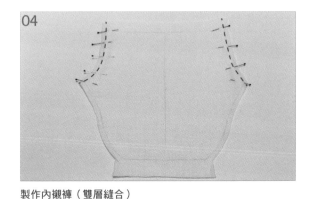

製作內襯褲(雙層縫合)
將褲子的左、右半部正面對正面貼合,用珠針固定前、後襠,然後進行縫合。

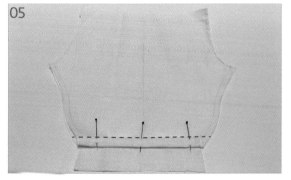

將褲口縫份往內摺兩次,每次摺 1cm,然後從背面用藏針縫縫合。

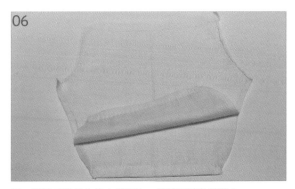

另一邊褲口縫份也往上摺兩次,然後用藏針縫縫合。

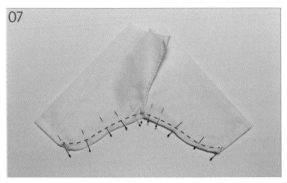

07

為了使褲子形成前後相連的中空筒狀，請將褲子下襠往中間摺，並用珠針固定前、後片，然後進行縫合。

08

為了讓褲子的形狀在翻面之後可以更漂亮，請在底部縫份上剪牙口。

09

在褲頭放入鬆緊帶

將褲頭縫份往內摺兩次，每次摺 1cm，接著從背面用珠針固定，然後以藏針縫縫合。

※ 因為必須將鬆緊帶放入褲頭，所以後中心要留下 2cm 左右，再以進行藏針縫縫合。

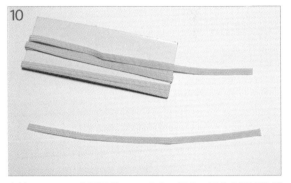

10

由於 Baby Doll 的腰圍是 23cm 左右，因此，要放入褲頭的鬆緊帶長度請剪成 20cm。

※ 鬆緊帶最好剪得比腰圍稍微短一點。

11

從後中心放入鬆緊帶。

※ 利用粗針就能輕易地放入鬆緊帶。

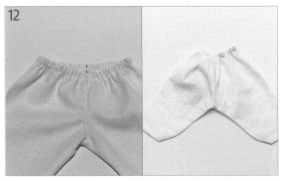

12

放入鬆緊帶之後，後中心用藏針縫縫合。具有鬆緊帶的內襯褲就完成了。

布襪

原尺寸紙型 P212

布料　　　表布：棉布 35×20cm（直布紋方向／橫布紋方向）

TIP 由於 Baby Doll 的內衣尺寸很小，如果棉布太厚的話，
會很難製作。如果是使用 40 支的棉布來製作，即使是用手縫
也不會很難製作。

剪裁布襪

請將布料剪裁成 35×9cm（直布紋方向／橫布紋方向）的兩
張長條。

※ 剪兩張就可以做出一雙布襪。

請對半摺（35cm 的 1/2）。

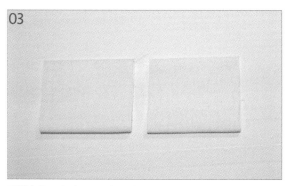

再對半摺一次（35cm 的 1/4）。

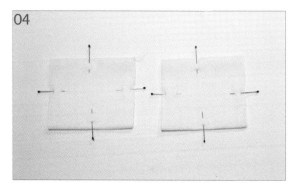

用珠針固定四周。

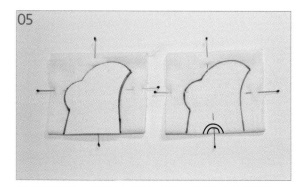

將布襪紙型放在步驟3中經兩次摺疊之後所產生的對摺邊上，
畫出完成線。

※ 請將對摺線和布襪襪口（腳伸進去的地方）對齊。

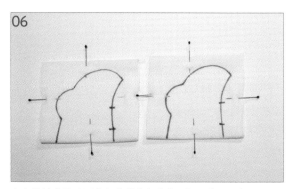

在布襪的背縫（腳背）稍微往上的位置標示出開口處。

製作布襪（四層縫合）
除了開口處以外，用回針縫將布襪的完成線密實地縫合。

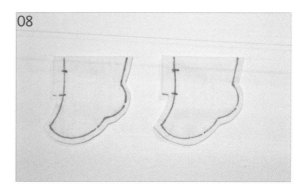

開口處的縫份留 1cm，其他地方的縫份都留 0.5cm，然後進行剪裁。

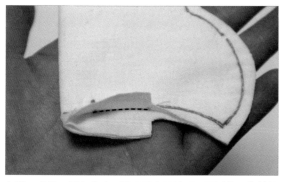

在開口處的四層布之中，除了最上面的那一層以外，將其餘的三層縫合。

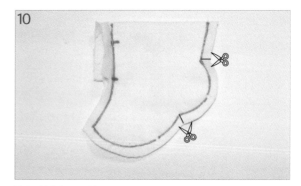

請在布襪的腳跟剪牙口。

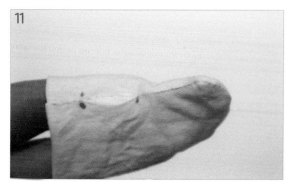

從開口處已縫合的三層和沒縫合的一層之間將布襪翻面，然後用藏針縫縫合開口處。

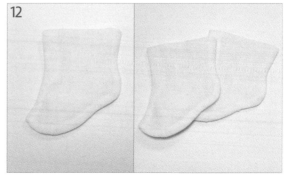

為了讓用藏針縫縫合的開口處位於布襪背面，請再翻一次面，並進行熨燙。Baby Doll 尺寸的棉布布襪就完成了。

領邊

布料　　　　表布：熟庫紗 1.5×18 ～ 20cm（直布紋方向／橫布紋方向）
副材料　　　布襯：白色韓紙 0.5×20cm、膠水、剪刀

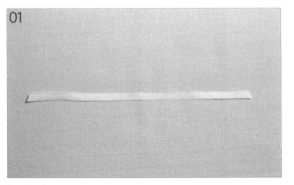

製作領邊
將韓紙剪成大小為 0.5×16 ～ 17 cm 的長條，且兩端呈梯形的形狀。

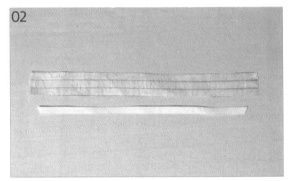

將熟庫紗剪成韓紙三倍寬的 1.5×18 cm，且寬以 0.5cm 為間距，畫成三等分。

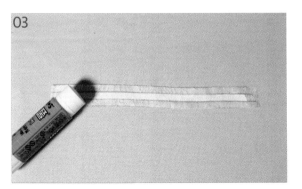

將韓紙的其中一面塗上膠水，然後黏在準備好的熟庫紗中間。

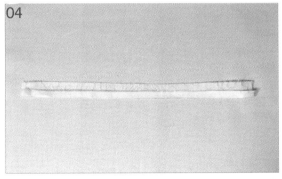

韓紙的另一面也塗上膠水，然後將熟庫紗往上摺，黏貼在韓紙上。

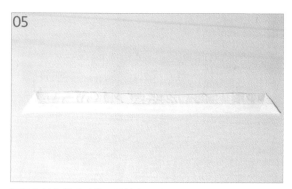

05

順著韓紙的梯型形狀，將熟庫紗的兩端摺好並整理縫份。

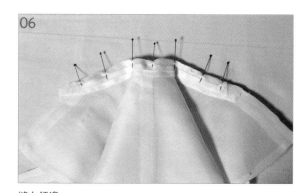

06

縫上領邊

將領邊放在做好的上衣衣領背面邊緣，並用珠針固定。

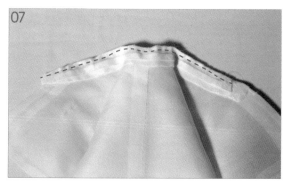

07

從沒有貼上韓紙的 0.5cm 的中間（0.25cm）進行縫合。

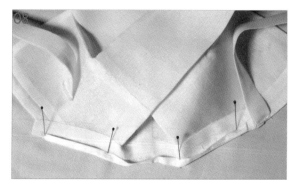

將有貼上韓紙的領邊從背面翻到衣領外側。

為了不讓領邊邊緣被看到，請用藏針縫縫合。

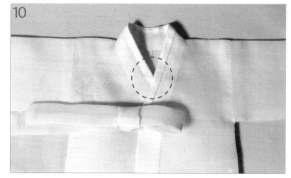

10

請確認衣帶繫好之後，衣領重合處的領邊是否太短。

※ 如果領邊太短，繫上衣帶的時候，領邊的末端就會顯露出來。

帶（衣帶、腰帶、裙頭綁帶等）

將布料依照要製作的帶的尺寸進行剪裁。

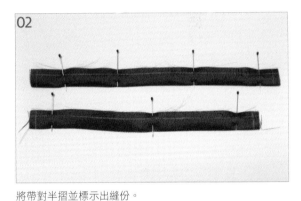

將帶對半摺並標示出縫份。

※ 製作的時候，寬度 1cm 的帶，縫份請留 0.5cm；寬度超過 1.5cm 的帶，縫份請留 1cm。

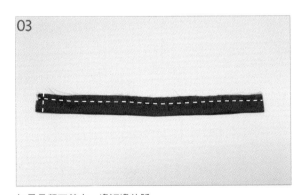

如果是留下其中一邊短邊的話

❶ 留下其中一邊短邊，然後沿著完成線縫合。

❷ 請將縫合的帶的末端摺成像照片中這樣。

❸ 用木籤或細筷子將摺好的末端往裡面推。

❹ 繼續將帶推進去，它就會從沒有縫合的那一邊被推出來。

❺ 拉住末端將帶翻面。

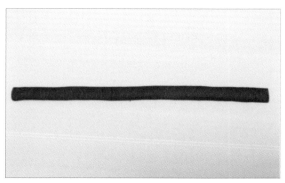

❻ 熨燙翻好面的帶，然後將剩下的那邊短邊的縫份往內摺，用藏針縫縫合。

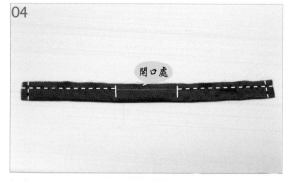

如果是留下開口處的話

❶ 在帶的中間標示出開口處，然後縫合除了開口處之外的完成線

❷ 請將帶的兩端都摺成像照片中這樣。

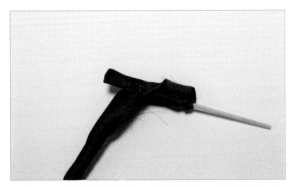

❸ 用木籤或細筷子將摺好的末端往裡面推,然後從開口處推出來。

❹ 另一邊末端也從開口處推出來,將帶翻面並熨燙。

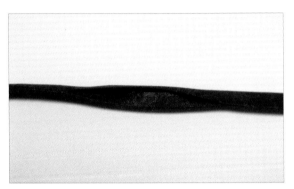

❺ 用藏針縫縫合開口處。

帶就完成了。

帶環

用粉片標示要縫上帶環的地方。

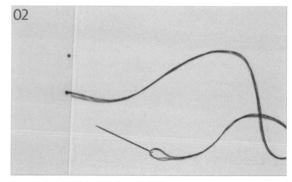

將四股左右的線穿到針上，然後穿過帶環的起點。

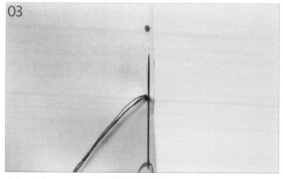

在起點縫一針。

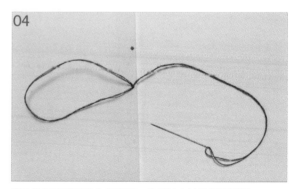

縫的時候不要把線全部拉緊，像照片中這樣留下圈圈。

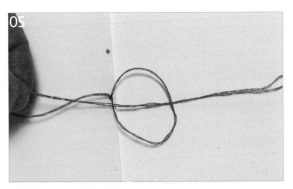

從圈圈中間抽出連結著針的線。

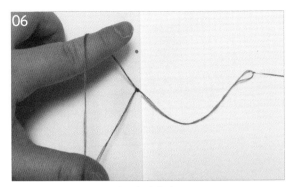

形成圈圈，重複從圈圈之間拉線的步驟。

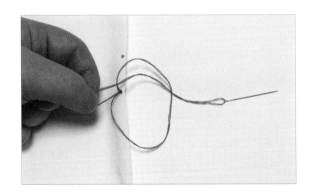

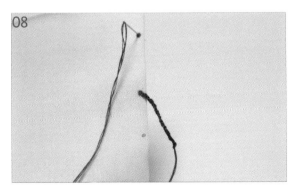

做出想要的帶環長度。
※ 呈現出線被編成辮子的樣子。

將連結在針上的剩餘的線，穿過帶環的終點。

完成的帶環。

Baby Doll 韓服

||||||||||||||||||||||||

穿著方法

穿裙子的方法

01

請穿上布襪、內襯褲、內襯裙。

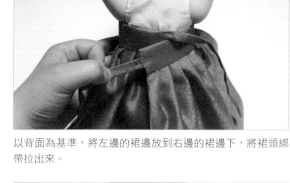

02

以背面為基準,將左邊的裙邊放到右邊的裙邊下,將裙頭綁帶拉出來。

03

將右邊裙頭綁帶從左邊繞到前面。

04

讓裙頭綁帶在前面打結。

繫衣帶的方法

01

將娃娃的手臂往後移，然後穿上上衣。

02

將短衣帶重疊在長衣帶上面。

03

將短衣帶往上綁。

04

用長衣帶做一個結（環圈）。

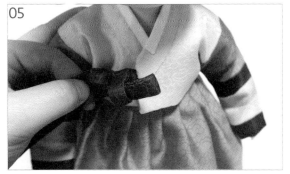

05

用短衣帶包住長衣帶。

06

衣帶繫好的樣子。

注意事項

❀

※尺寸大於書本的紙型提供在附紙上。

※所有的紙型都只標示完成線。因為如果已經畫上縫份線的話，要畫完成線的時候，會很不方便，所以縫
　份線全部都標示在「剪裁」。將紙型放在布料上，畫出完成線之後，再利用尺畫出縫份線。

※也有不使用紙型、直接在布料上標示尺寸並進行剪裁的情形。

※直布紋和橫布紋是指的方向。
　直布紋方向是布料的捲起來的方向，布邊不容易散開，
　橫布紋方向是布邊容易散開的方向。
　不同的布料有不同的寬度，有 44 吋的大寬幅及 22 吋的窄幅。

※區分直布紋方向和橫布紋方向的方法
　1. 如果是有花紋的布料，請確認花紋是否倒反或旋轉。
　2. 抓住布料邊緣的一根紗，將它拉開，很容易拉開的方向就是橫布紋方向。
　3. 布料的兩側邊緣很長才結尾的方向就是直布紋方向。

※Baby Doll 尺寸
　本書的韓服都是以 Baby Doll「貝兒」（美女與野獸）的尺寸為基準。
　每個 Baby Doll 的尺寸都會有所差異。

胸圍：20 ～ 20.5cm
袖長：16 ～ 16.5cm
裙長（包含裙頭）：23 ～ 24cm
背長：9cm
腰圍（以內褲線為基準）：24cm
腳長：5.7cm
腳背圍：7.3cm
腿長（包含腰部）：18cm
頭圍：34.5 ～ 35cm

Baby Doll 韓服

||||||||||||||||||||||||||

原尺寸紙型

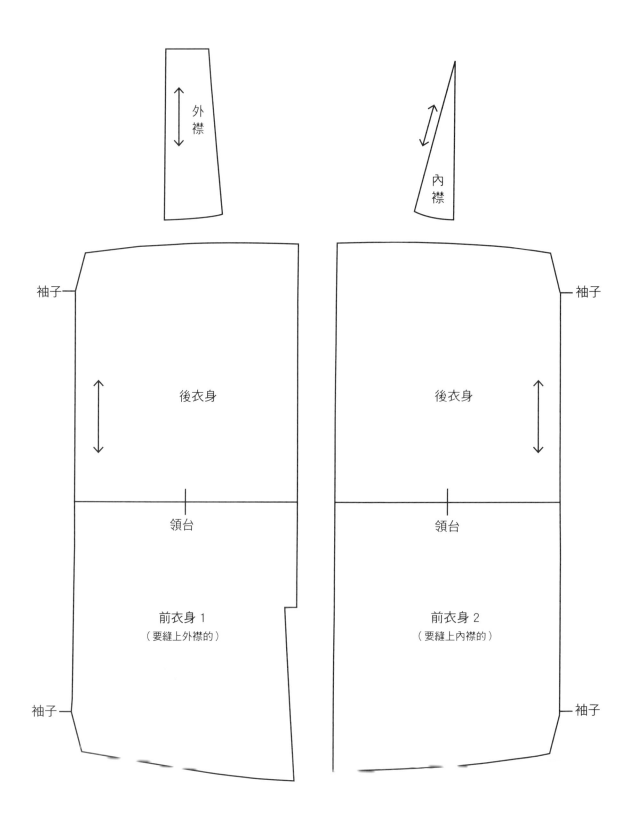

外襟

內襟

袖子 — 後衣身 後衣身 — 袖子

領台 領台

前衣身 1
（要縫上外襟的）

前衣身 2
（要縫上內襟的）

袖子 — — 袖子

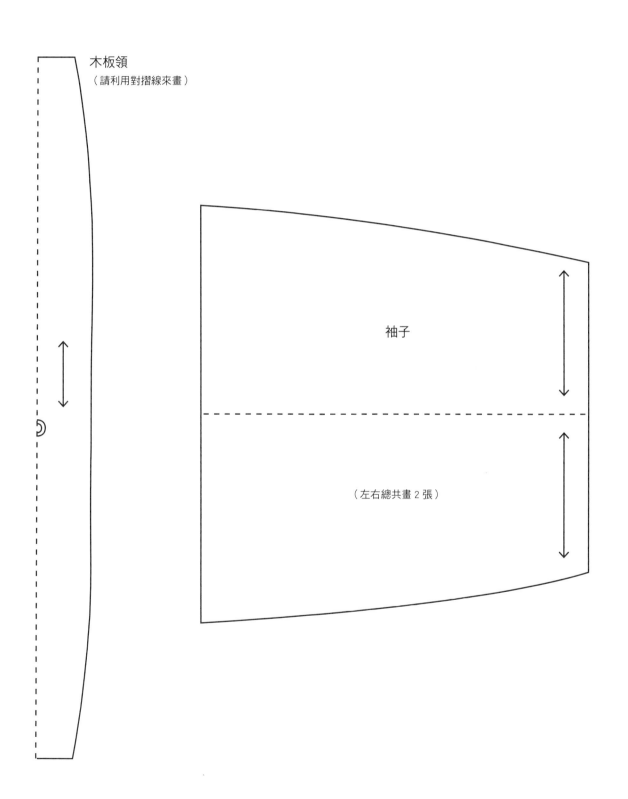

木板領
（請利用對摺線來畫）

袖子

（左右總共畫 2 張）

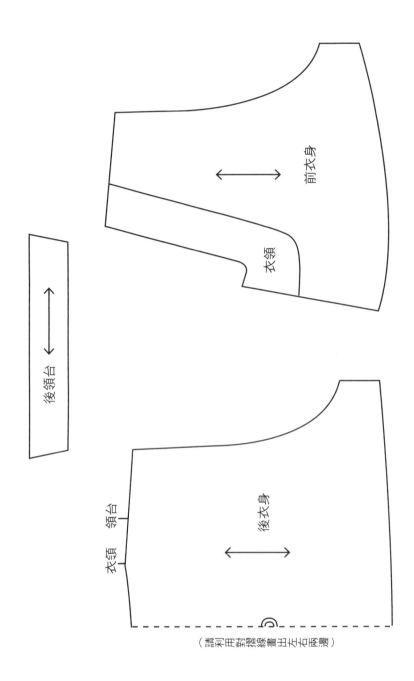

前衣身

衣領

後領台

後衣身

衣領　領台

衣領

（請利用對摺線畫出左右兩邊）

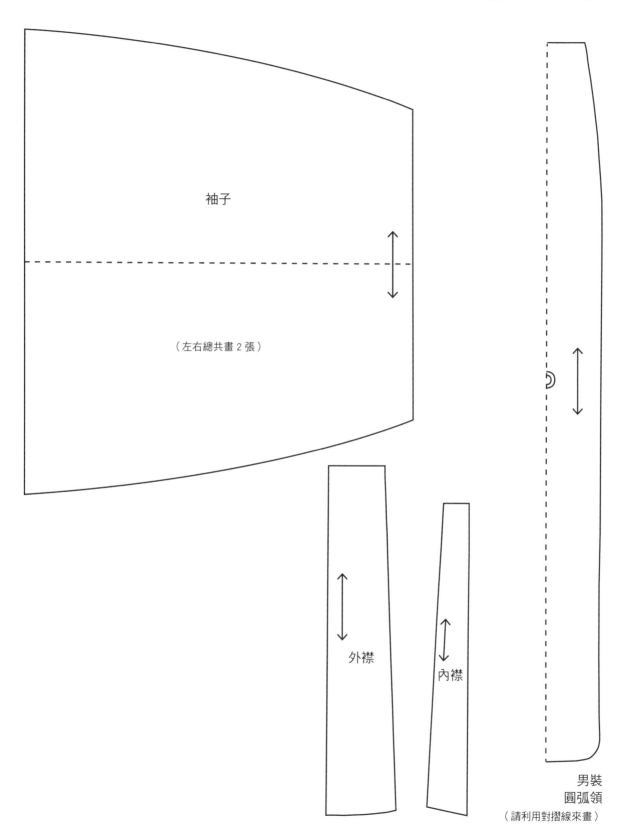

袖子

（左右總共畫 2 張）

外襟

內襟

男裝
圓弧領
（請利用對摺線來畫）

黃豆女紅豆女 彩袖上衣

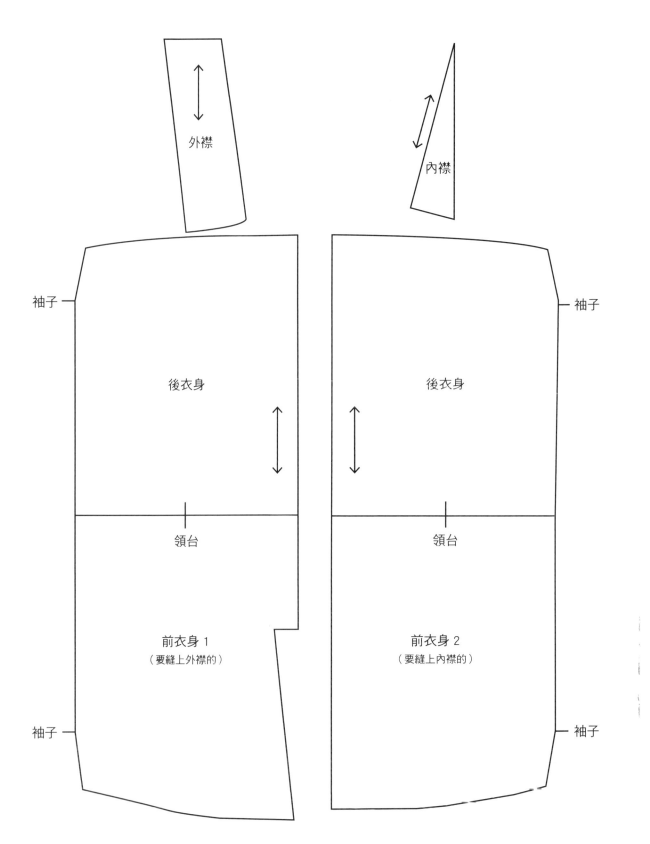

外襟

內襟

袖子

後衣身

後衣身

袖子

領台

領台

前衣身 1
（要縫上外襟的）

前衣身 2
（要縫上內襟的）

袖子

袖子

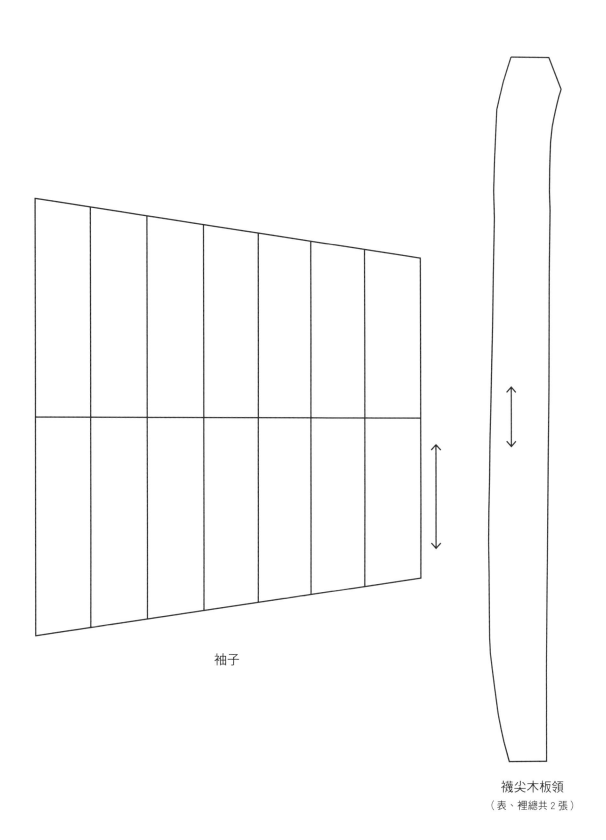

袖子

襪尖木板領
（表、裡總共 2 張）

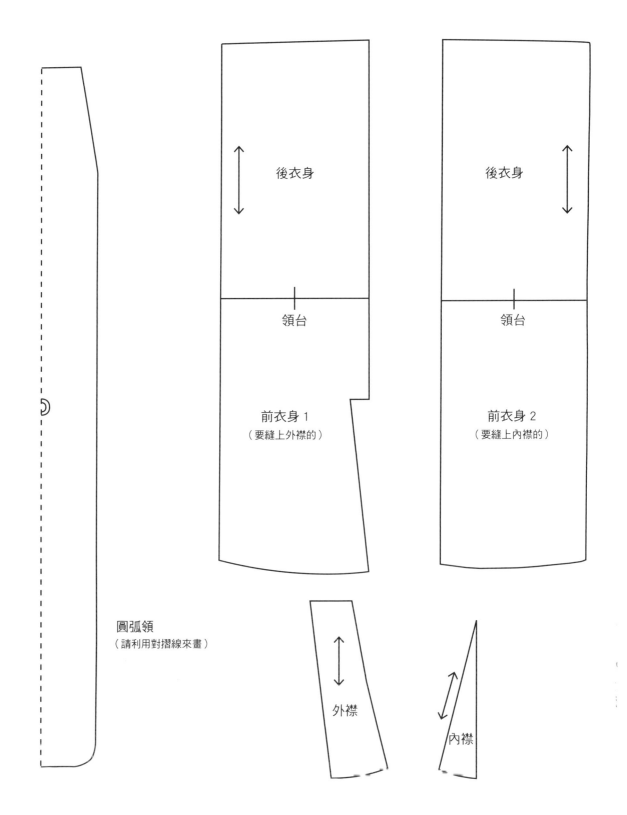

後衣身

後衣身

領台

領台

前衣身 1
（要縫上外襟的）

前衣身 2
（要縫上內襟的）

圓弧領
（請利用對摺線來畫）

外襟

內襟

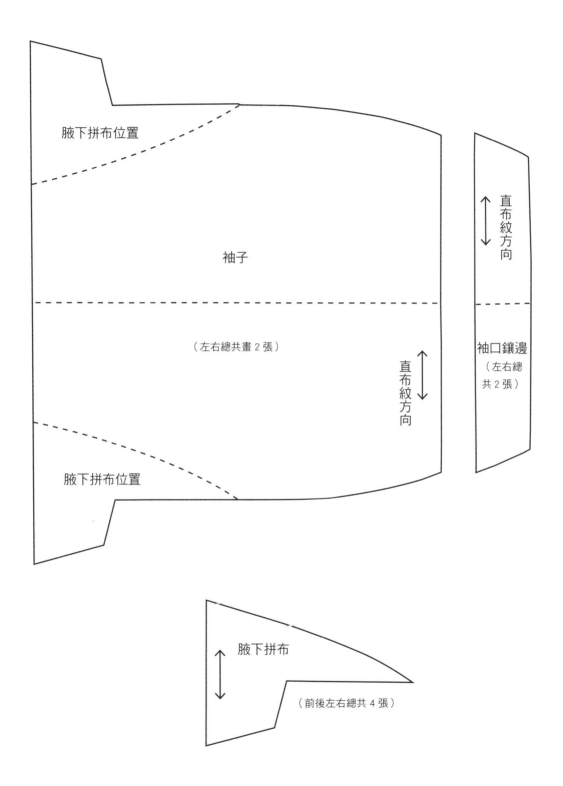

腋下拼布位置

袖子

（左右總共畫 2 張）

直布紋方向

腋下拼布位置

直布紋方向

袖口鑲邊
（左右總
共 2 張）

腋下拼布

（前後左右總共 4 張）

沈清 高腰背心裙

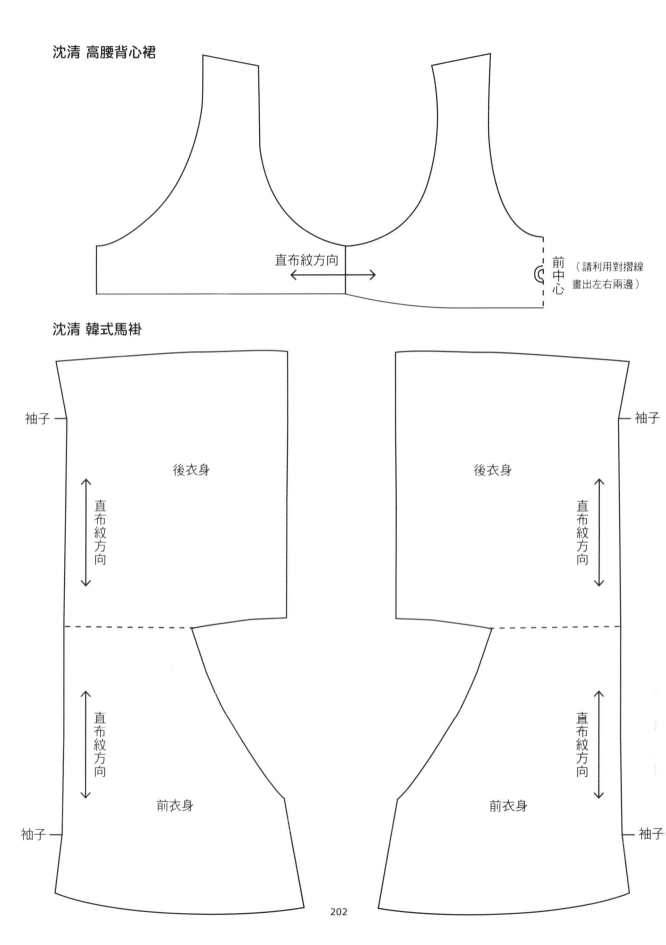

直布紋方向

前中心 （請利用對摺線畫出左右兩邊）

沈清 韓式馬褂

袖子

後衣身

直布紋方向

袖子

後衣身

直布紋方向

直布紋方向

前衣身

直布紋方向

前衣身

袖子

袖子

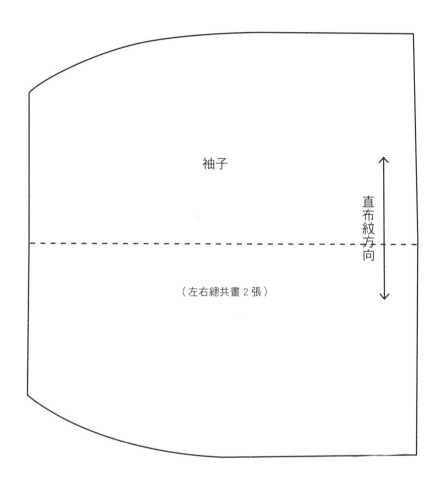

袖子

直布紋方向

（左右總共畫 2 張）

小紅帽 蓬蓬袖上衣

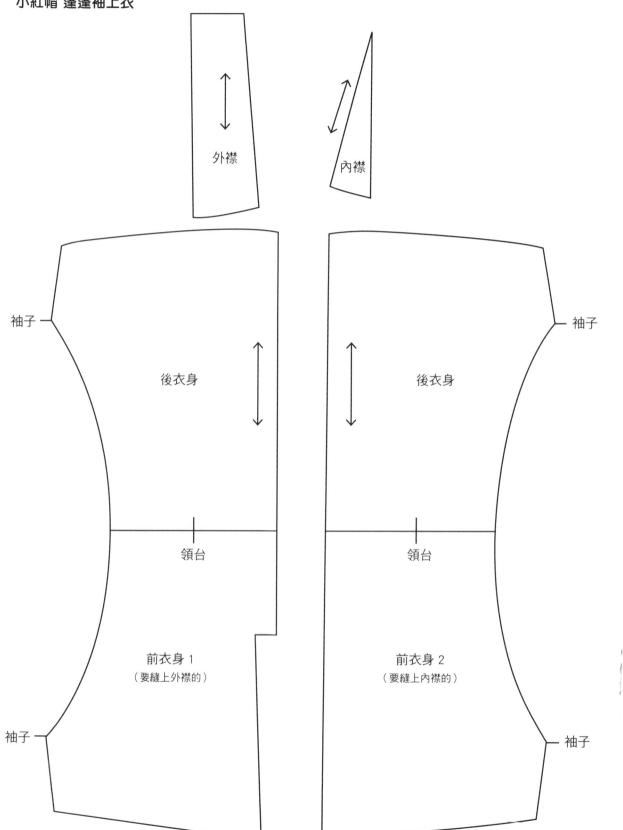

外襟

內襟

袖子

後衣身

領台

前衣身 1
（要縫上外襟的）

袖子

袖子

後衣身

領台

前衣身 2
（要縫上內襟的）

袖子

木板領
（請利用對摺線來畫）

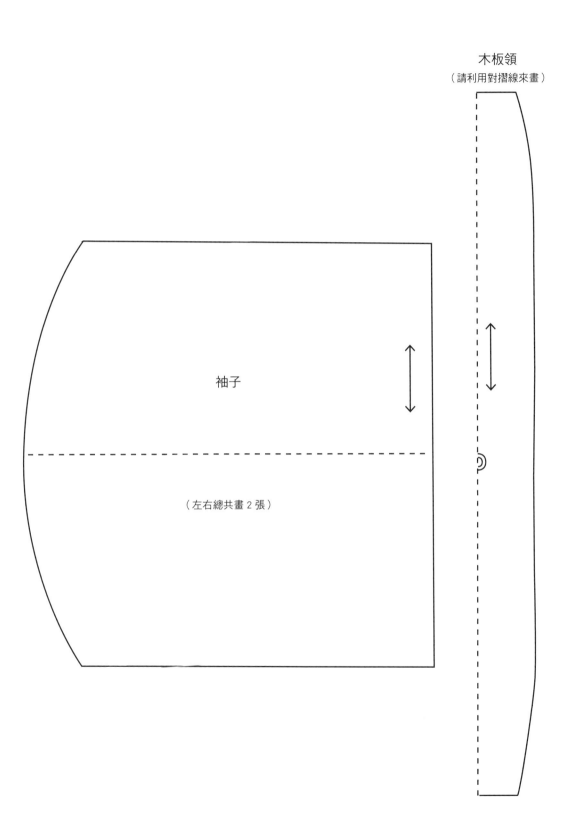

袖子

（左右總共畫 2 張）

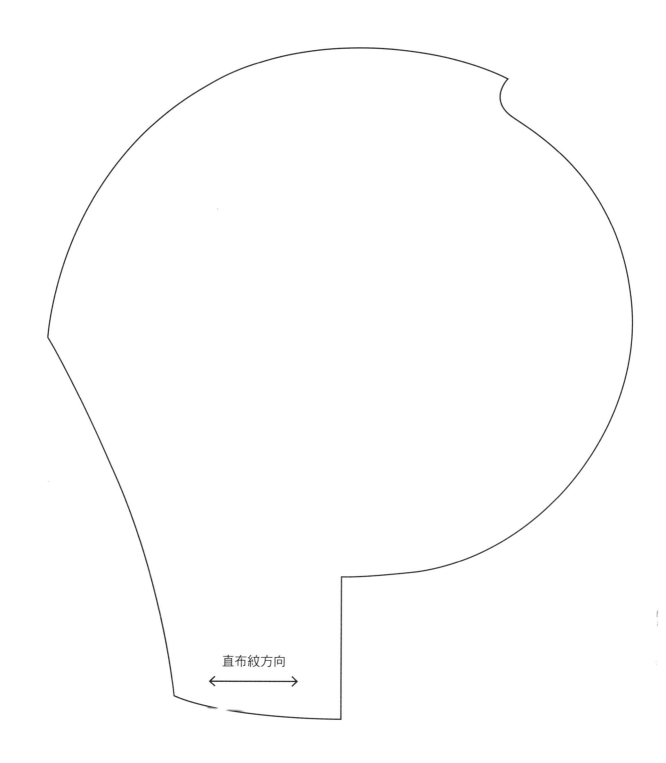

直布紋方向

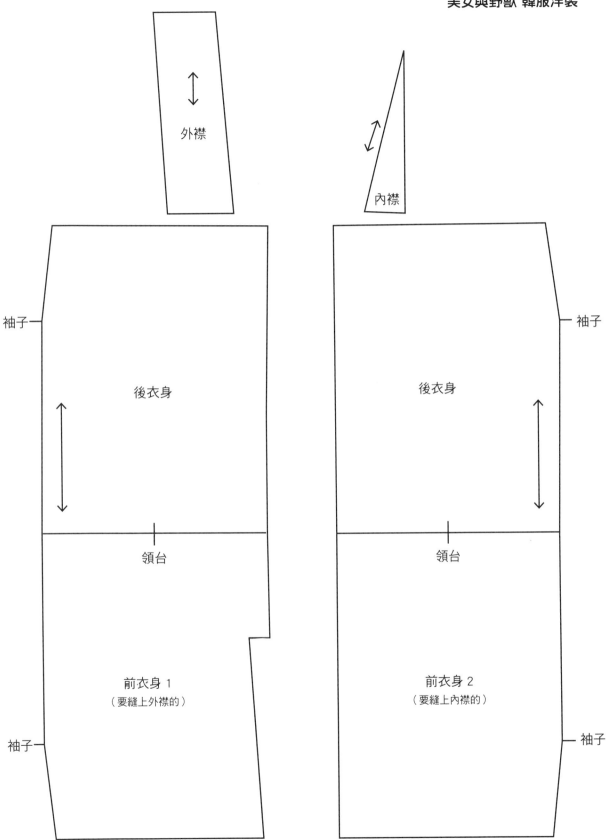

外襟

內襟

袖子

後衣身

領台

前衣身 1
（要縫上外襟的）

袖子

袖子

後衣身

領台

前衣身 2
（要縫上內襟的）

袖子

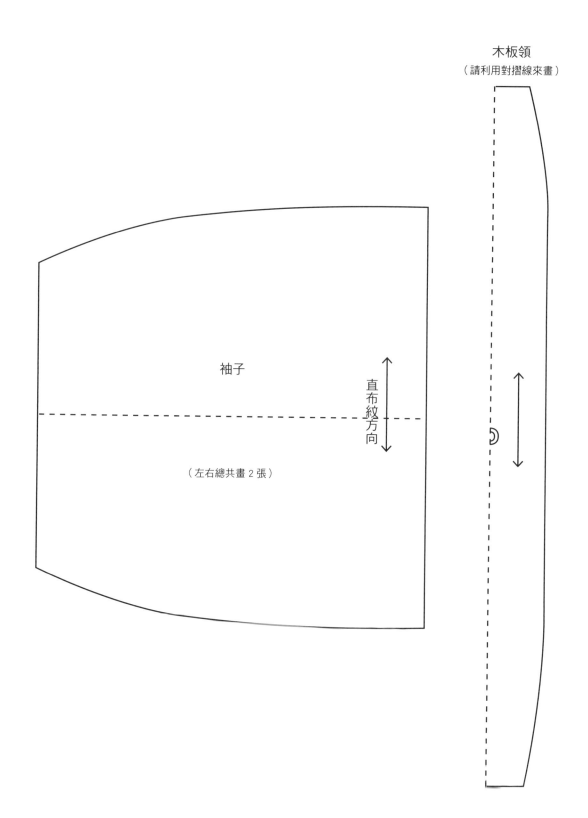

木板領
（請利用對摺線來畫）

袖子

直布紋方向

（左右總共畫 2 張）

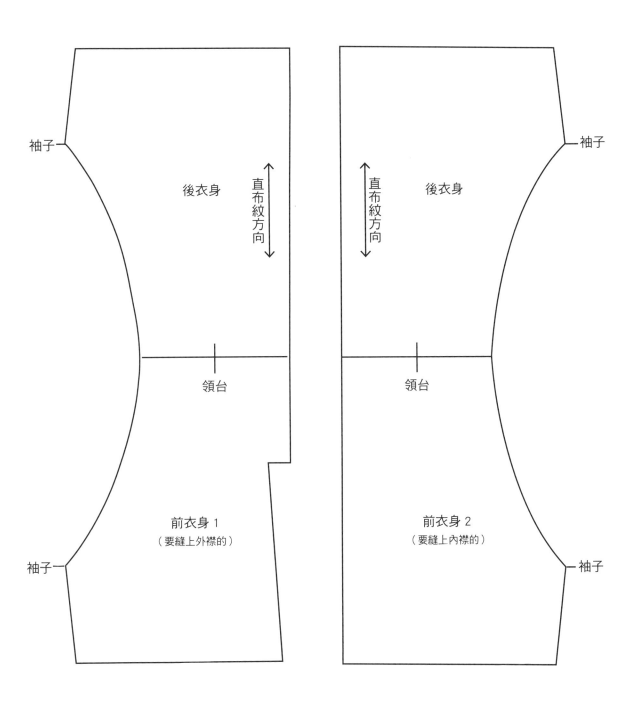

袖子

後衣身

直布紋方向

領台

前衣身 1
（要縫上外襟的）

袖子

袖子

直布紋方向

後衣身

領台

前衣身 2
（要縫上內襟的）

袖子

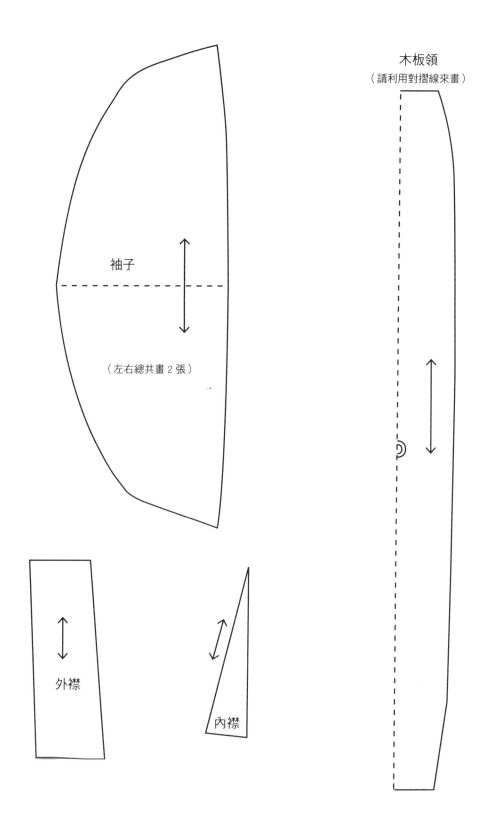

袖子

（左右總共畫 2 張）

外襟

內襟

木板領
（請利用對摺線來畫）

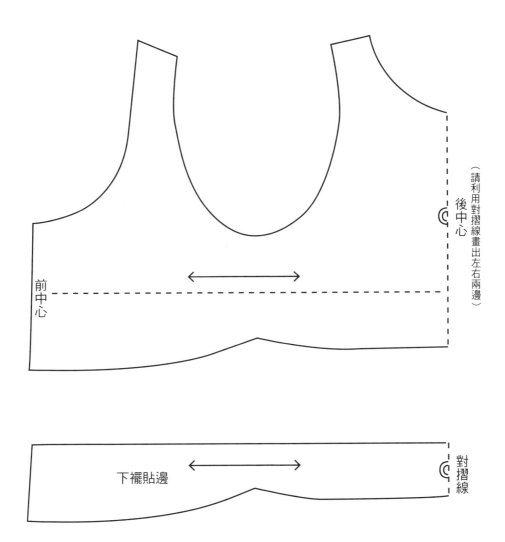

前中心

後中心

（請利用對摺線畫出左右兩邊）

下襬貼邊

對摺線

布襪

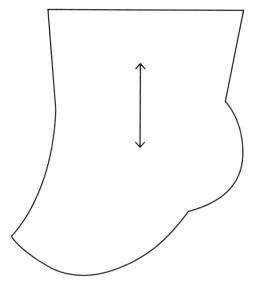